JN239588

著 田中一之
Tanaka Kazuyuki
絵 バラマツヒトミ
Baramatsuhitomi

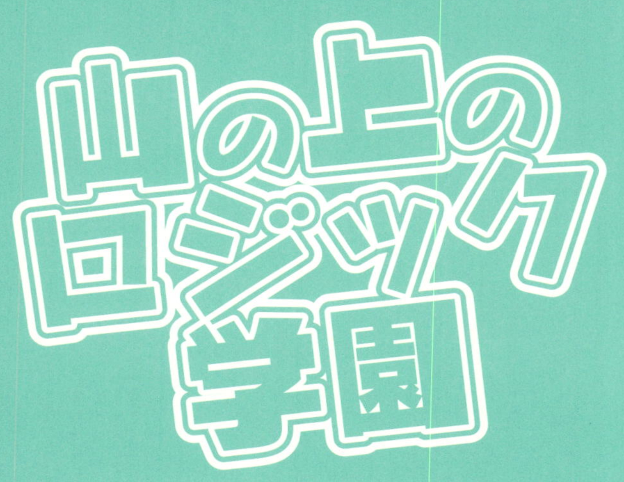

不完全性定理をめぐる 2週間の授業日誌

日本評論社

目次

プロローグ

ここに来るのは何年振りだろう．傾いた門柱からは表札が剥がれ，木造平屋の建物のまわりには雑草が生い茂っている．もう5年か….それにしてもひどい荒れ方だ．まさに「昔の光今いずこ」の感がある．

この地方を未曾有の大震災が襲ったとき，僕は学園の2年生で，春休みが終われば3年に進級するはずだった．この学園は，ロジック研究の第一人者として活躍されていた先生が大学の職を辞し，理想のロジック教育のために設立したものだ．基本は3年の通学制だが，学年に縛られず20名ほどの学生が自由に学んでおり，さらに外国からの客員研究者や研修生も常時数名滞在していた．日系ブラジル人の僕は日本語には不自由しない．むしろ，学園の外では知らない日本人から日本人のように扱われてよく閉口していた．多様な文化が行き交うこの学園こそ僕にとってのユートピアだった．

あの大惨事は2週間の特別入門授業の最終日の午後に起きた．その授業のTA(演習助手)をしていた僕は，最後の演習授業に行く前に，学園長から指導を受けているところだった．そのとき，突然の大きな揺れに建物が軋み，さらに繰り返す揺れに本棚は倒れ，柱が傾き，壁にひびが入った．僕は先生から渡されたヘルメットをかぶって，教室を見回りに行った．

幸い，学園の中に怪我人はなく，揺れがだいたいおさまると，僕は入門生たちを連れて歩いて山を降りた．山の下の町では交通信号が消えて車が渋滞していたが，倒壊した建物などは見当たらず，僕たちは別れてそれぞれの宿に帰ることにした．しかし，あとで知ったことだが，海辺近くの実家に戻っていた先輩の1人は津波に飲まれて行方不明になり，ほかにも住む家を失った知人が何人かいた．震災の被害は思いの外大きかった．その後2,3か月は自分の生活の立て直しや，町の復旧のボランティアで忙しく，学園のことを考える余裕はなかった．学園長はしばらく復旧チームで働きながら，市民を勇気づける講演などしていたのが，いつの間にか姿を見せなくなり，学園は閉鎖状態になってしまった．

僕はやむなくブラジルに一時帰国し，両親の仕事の手伝いなどをして暮らしていたが，先の見通しも立たずいたずらに年月が過ぎていった．そして，日本に戻る希望もほとんど消えかけた頃，突然先生からの手紙が届いたのだ．特別入門授業とそのときの学園の様子を一般の人が読めるような文章にしてほしいという依頼だった．どうやらあのときの入門生たちが先生を動かしているらしい．懐かしい彼らの元気な顔がまぶたに浮かんだ．Amigos, amo vocês(アミーゴス，アモ・ヴォセス)(友たちよ，愛している)．手紙によると，先生が準備に使った講義ノートと僕のチューター日誌が学園長室に置いてあるという．僕はそれらを探すためにここに来たのだ．

建物の入り口の傾いた戸をやっと抉(こ)じ開け，恐る恐る足を運びながら先生の部屋に辿り着いた．部屋の中は物が散乱しているものの，不思議なほど昔の空気を残しており，先生のノートと僕の日誌はすぐ机の上に見つかった．もし先生がパソコンで作業されていたら，こうした記録もきっと残らなかっただろう．紙の力は偉大だ．日誌を手にとってページをめくると当時の様子が目の前に甦り，このまま演習授業に行けそうな気がしてきた．

さあ，早速記録作りに取りかからなければならない．先生のノートと僕の日誌をカバンに詰めて外に出ると，辺りはもう薄暗くなっていた．あの頃と同じように，月の光が帰り道を照らしてくれた．

NOTEBOOK

Diário de Aula

Tutor

Leonardo Aoba

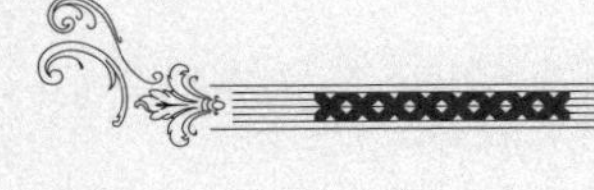

まえがき

この本は，ロジック学園における特別入門授業とそのときの震災を含む体験を，私のチューター日誌と先生の講義ノートに基づいて再現したものです．受講生たちの協力を得て，できるだけ授業中の質疑応答や教室外の出来事も思い起こし，当時の状況を生き生きと蘇らせるよう努めました．本書が作られる背景やその制作を支えてくれた人たちの貢献についてはまた最後に述べます．

本書をロジックの解説書として用いられる方は，先生の議論部分を中心に読まれるといいでしょう．とくに不完全性定理については，幅広くかなり新しい話題にも触れられているので，この分野の研究に興味のある人には貴重な資料になると思います．もう１つの読み方は，ロジック学園の入門生たちと一緒に，難しい講義の話は適当に飛ばしながら，のんびりした学園の雰囲気を楽しみ，また震災の恐怖も疑似体験していただくことです．それは，ロジックに限らず，学問の新しい学び方を示唆してくれるかもしれません．さらにまた，学問とは何かを考える上で参考にもなるでしょう．

最後に，これまで長年ご指導いただき，また私にこの執筆の役目を与えてくださった先生に心より感謝いたします．

青葉レオ

等式のロジック

特別入門授業は，入門コースとはいえ，1週5日間の講義シリーズが2週にわたり行われ，さらに週末にはゲストの特別講義まで用意された密度の濃いプログラムだった．毎日午前2コマと午後1コマを学園長が講義し，そのあと1コマの演習時間を僕が担当した．ある有名数学雑誌に本学園の紹介記事が載ったこともあり，全国から大勢の申し込みがあったという．だが，書類選考の結果，山の上に登って来たのは，次の5名だった．

女子：美蘭(メイラン)　数学を学ぶ中国人留学生．
　　　まどか　計算機科学を学ぶ高専生．
　　　さくら　フリーター．父親は思想家で地元名士．
男子：春太(しゅんた)　数学教員志望の大学生．
　　　秋介(しゅうすけ)　出版社の新米編集者．数学科卒．

もう1人男子が数日遅れて加わることになるが，彼のことは後で述べる．

第1時限

ロジックとは

先生　ロジック学園にようこそ．私がここに学園を開設してちょうど10年になります．それで今年は，学園生以外の人にもロジックの面白さや有用性を知ってもらおうと思い，春休み期間に特別入門コースを開講することにしました．

最初に，私が**ロジック**と呼んでいる学問がどんなものか説明しておきましょう．論理学といえばアリストテレス以来の長い歴史をもち，西洋文化を支える大きな柱です．その巨大な論理学の中で，現代数学の発展と関わりながら形成された比較的新しい分野があり，それは少し前は**記号論理学**とか**数理論理学**と呼ばれていましたが，最近は研究者もふえ，分野も拡大したので単にロジックと呼ばれることが多くなりました．少し歴史を振り返ってみましょう．

19世紀後半に，述語論理，集合論，実数論，自然数論など数学の基礎付けを目的とした新しい理論が誕生しましたが，当初それら理論同士のつながりはよく理解されていませんでした．20世紀に入ると，ラッセルやヒルベルトのような知の巨人が登場し，それらの理論を統合し，1つの大きな体系を作ろうとする動きになります．しかし，ラッセルの体系は土台が大きすぎ，延べ2000ページの3巻本でやっと実数論の入り口にしか到達できませんでした．ヒルベルトは，それをスリム化して2階算術などを提起し，解析学の初歩までもっていきました．そして，彼は自分の方法論の妥当性を示すため，いわゆる**ヒルベルトの計画**を掲げたのです．

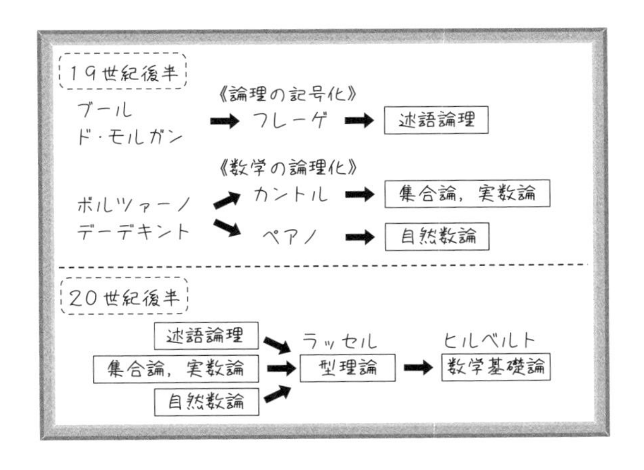

しかし，ヒルベルトの計画はなかなか進展せず，そこに登場したのがゲーデルです．ゲーデルは，いくら形式理論を整備しようとしても決して完璧には仕上がらないという絶望的な結果を理論的に証明しました．これによって，数学の統一理論を作る夢は消えたものの，ゲーデルの発見は，新しい論理的概念や方法論を生み出す源泉になりました．そこから，**再帰理論**，**証明論**，**モデル理論**，**集合論**という4つの大きなテーマが生まれ，20世紀半ばから後半にかけて，各々の分野が独自に発展しました．

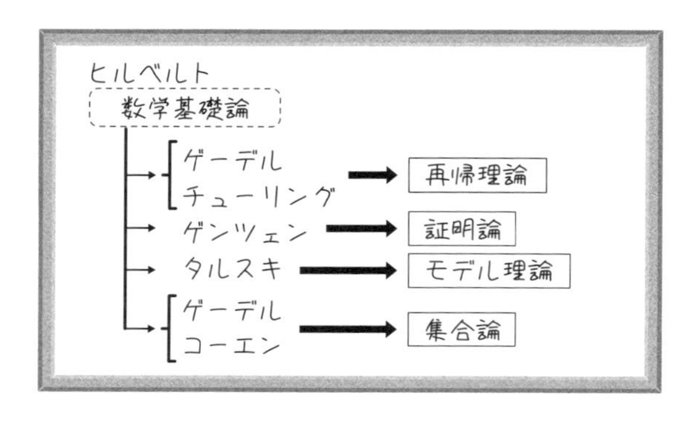

20 世紀も最後の四半世紀に入ると，4 分野の交流や融合が進み，またほかにも新しい分野やテーマが誕生したため，分野分けは無意味になり，全体を総称して**ロジック**と呼ぶようになりました．同時に，その技術発展を踏まえて，再び数学の基礎を探索する研究も盛んになっています．ロジックの特長は数学者がその発展の大部分を担ってきたことで，20 世紀以降に発見された数学的技法にこそロジックのアイデンティティーがあると思います．こんなところが，ロジックについての私の見方です．

では，皆さんにも自己紹介を兼ねてロジックに対するイメージや今回の参加動機などを伺ってみたいと思います．最初に，前列の真ん中に座っていらっしゃる女性に伺います．どちらからお越しになりましたか？ また，どんな内容の講義を期待しておられますか？

美蘭 私はメイランと申します．中国人です．いま京都で数学を勉強しています．

私の大学にはロジックの授業がないので，友達と自主ゼミで『数学基礎論講義』という本[1]を輪講し，超準モデル以外のパートはだいたい読みました．でも，正しく理解できたかどうか自信がありませんし，もう少し理解を深めたいと思い，ここに来ました．

先生 ということは，完全性定理，不完全性定理，カット除去定理など，ロジックの基本事項は一通り勉強したのですね．入門生としてはかなりハイレベルだと思います．では，隣の男性はどうですか？

秋介 前の人と比較されると準備不足で恥ずかしいのですが，私は名古屋の数学科を卒業し，いま東京で出版社に勤めています．大学の専門はロジックではなかったのですが，仕事の関係で広く本屋さんを眺めるようになり，ロジックの本が気になってきました．でも，独学では敷居が高い感じだったので，思い切って休暇をとって参加しました．

先生 数学科のご出身ということですし，ロジックのイメージは私とあまり違わないでしょう．数学以外のバックグラウンドをお持ちの方は……．前列のもう一人の女性がそうだったでしょうか．

さくら 私は山の下でフリーターをしています．数学の本はあまり読んだことありませんが，哲学や論理学の古典なら，父の書棚から借りてときどき読んでいます．私の考える論理学と先生のロジックに本質的な違いはあるのでしょうか？ もしあるなら，どうして違いが生じるのかを明らかにできるといいかなと思うんださ…すみません．思うのです．

先生 哲学者プラトンの学園では「幾何学を知らざる者，入るべからず」という標語が掲げられていたといいますね．プラトンの哲学を理解するのに数学が必要だったように，ロジックの真髄も数学を通して最もよく理解できると私は思っています．では，ほかに違ったバックグラウンドの方は？ 後列の女性もそうでしょうか．

まどか 私，計算機学科の学生なんだけど，計算道具のロジックじゃなくって，ロジックそのものを勉強してみたくなってきた…のかな．でも，ごめんなさい．私，全然数学駄目だと思うから．

先生 苦手なことでも，その壁を乗り越えたときの達成感を味わってほしいです．ここに来るだけの勇気があるのだから，きっと最後まで頑張れますよ．そも

1) 田中一之編著『数学基礎論講義』日本評論社 1997.

そも計算機だってロジックの研究から生まれたのです．あっ，最後にその右隣で，前の人に隠れている人は？

春太 オレ，将来数学の先生になろうと思うんすけど，不完全性定理がどうしても理解できないんっすよね．どうすりゃいいっすか？

先生 ずいぶん単刀直入な質問ですね．数学についてはほかにどんな分野を勉強されましたか？

春太 一応，数論かな．

先生 なら，ゲーデルの不完全性定理の証明は，5次方程式が代数的に解けないことを示したガロアの証明と似たような難しさと面白さがあると思います．ガロア理論は大丈夫でしょうか？

春太 そう念を押されると自信がないけど，知らないと不完全性定理は理解できないんっすか？

先生 そういう意味ではありません．わからないと感じる原因が，ロジックの内容よりも，数学の議論に対する不慣れにあるかもしれないと思ったのです．そういう人は結構多いのですよ．だから，プラトンのごとく，数学を知らずにロジック学園に入るべからずといいたかったのです．

最後になりましたが，チューターのレオさんにも出席してもらっているので，同じ質問をしてみましょう．

レオ 僕は，ブラジルの大学で数学の勉強をしていました．日本の数学科よりも，もっと応用が重視されていたので，ロジックも離散数学として勉強しました．でも，そのときはあまり興味はありませんでした．

大学3年の夏休み[2)]に日本の親戚の家に遊びに来て，偶然本屋さんで数学の雑誌を見てロジック学園を知りました．旅行のついでに，こちらを訪問し，先生のお話を直接うかがって，自分の求める何かがここにあるような気がしました．ロジックのメガネを通して数学を見ると，メガネの角度をちょっと変えるだけで，見える数学の世界が万華鏡のように変わるのが面白いです．ロジックの技術を磨いていけばどんどん見える世界が広がります．まだ僕の理解も十分ではありませんから，皆さんと一緒に勉強したいと思います．

先生 ありがとうございます．ロジックはメガネのようで，その向きを少し変えるだけで，見える世界が変わるというのは深い意味がありますから，次の時間にまたお話ししましょう．

第2時限

意味と形式

先生 最初に，何かご質問はありませんか？

まどか さっき黒板にゲーデルとチューリングが再帰理論を作ったように書いてあったけど，私がチューリングマシンというものを教わった授業には再帰理論という言葉は全然出てきませんでした．どうしてか教えてくれるとうれしいです．

先生 **再帰理論**は再帰的に定義される関数を研究する分野です．不完全性定理との関係でこの関数族の重要性に注目したのがゲーデルでした．他方，ゲーデルの議論に触発されたチューリングは，再帰的関数を計算可能関数として捉え直しました．2つの関数族は基本的に同じものなのですが，計算可能関数はその後急速に発展する計算機との関わりにおいて**計算の理論**として研究されていきました．対して，再帰的関数は論理体系との関連で研究されることが多かったのです．しかしいまは，再帰理論と計算可能性理論は同じ分野です．

　では，先程のレオさんの話の続きをしましょう．私の指先を見てください．何に見えますか，まどかさん？

まどか えっと…白いチョーク．

先生 じゃあ，何本ですか？

まどか 1本じゃないんですか？

先生 さあ，どうでしょうか．もう1本陰に隠れているかも知れませんね．私が子供の頃，東京の下町に「お化け煙突」というのがあって，見る場所によって，1本にも2本にも3本にも4本にも見えたものです．上空から眺めれば，菱形の頂点の位置に4本立っていたのですけれどね．私がいいたいのは，見えているものイコール真理ではないことです．

　こうしたらどうですか？(白いチョークを左手で握って隠す) 白いチョークはどこにありますか？ 今度はさくらさん．

さくら 白いチョークはないです．いまチョークは先生の左手の中にあって，光が当たっていないため，白くないはず．んだべ？ あっ，ですね？

先生 なるほど．では，白いチョークというのを，光を当てたときに白く見えるチ

2) ブラジルの夏休みは，12月〜1月の約2か月間．2月から新学年．

ョークということにしたらどうでしょう．

さくら したっけ．いや，それなら，先生の左手の中にあるはずだっちゃ．

先生 見えていないのに，どうしてわかりますか？

さくら 物質は突然消滅しないという物理法則や先生はマジックを使わないという暗黙の約束を仮定して話しているからっしゃ．先生が最初に持っていたのが1本の白いチョークだったとしたら，それはいまも先生の左手の中にあるはずだっちゃ．んだっちゃだれー(そうに決まっています)．

先生 さすがですね．最初にあったのが1本の白いチョークだとしたら，という条件も忘れません．物体が何かは，目で見るだけではわかりません．逆に，見えなくてもわかることがあります．我々はモノそのものを見て認識するのではなく，モノに対する多くの感覚与件や記憶を論理的に組み立ててモノのように感じているわけです．となると，モノについての理解を深めたり，その理解を別の人と共有したりするためには，それを組み立てているロジックを知らなくてはいけませんよね．

春太 何の話かさっぱりわからないんだけど，チョークが何本かわからないと困るっすか？

先生 いや，ちょっと横道に逸れすぎました．本題に戻りましょう．

ロジックを始めるにあたって，一番大切なのが意味と形式の区別です．次の2つの文を見てください．

(a) 6は，偶数である．

(b) 6は，定数である．

どちらも正しい文ですが，正しさの種類が違うのはわかりますか，春太さん．

春太 何となくニュアンスが違うというか….例えば，原子番号6の炭素の記号がCなのは当然で，おそ松くんが六つ子なのは偶然って感じかな.

秋介 あなた，第六感の天才ですね.

先生 では，別の例を考えてみましょう.

（c） 6は，9に2/3を掛けて得られる.
（d） 6は，9を180度回転して得られる.

意味と形式の違いに注目してください．文(a)と文(c)は，記号6が意味する数6についての主張で，文(b)と文(d)は，記号6そのものについての主張なのです.

まどか タロットカードの6番には仲の良い恋人たちが描かれているんだけどさぁ．逆さまになると破局を表すんだよ．同じだね.

先生 面白い話ですが，「同じ」という表現は不正確かもしれません.

まどか 数学的には，「同値」とか「同型」とかいえばいいのかな.

先生 用語の問題ではなく，感覚的で意味がはっきりしないということです.

美蘭「数学は情緒だ」という数学者もいますよ.

先生 そうですね．数学の発見においては霊感のようなものも必要かもしれないのですが，発見した事実を論理的に検証したり，誤解を招かないように表現したりすることも大切なのです．とくにロジックでは，ですね．形式化の進んだ現代数学において，与えられた理論の内部における議論を「数学」，理論そのものについての外側からの議論を「メタ数学」と呼びます．例えば，「6は偶数である」という命題は，自然数論の公理から論理的に導出される定理で，数学的な主張です．他方，「6は定数である」という命題は，ある形式的理論で「6」という記号を定数として用いるという約束，もしくはその理論の形態に関する観察事実であって，メタ数学的な主張です.

美蘭 ふつうの数学で論理的公理や推論規則を持ち出して「6は偶数である」を形式的に証明することなどないと思います.

先生 鋭いですね．一般の数学で，ある命題が成り立つというのは，与えられた公理やあるいは前提条件を満たす数学的構造において，その命題が成り立つというくらいの意味です．つまり，ある理論の定理は，その理論の公理をすべて満たすどんな構造でも成り立つ命題のことであって，それを公理から形式論理的に演繹することなど確かにほとんどありません．しかし，不思議なことに両者は一致します．これが**完全性定理**と呼ばれる数理論理学の核心ですよ．黒板で整理しましょう．

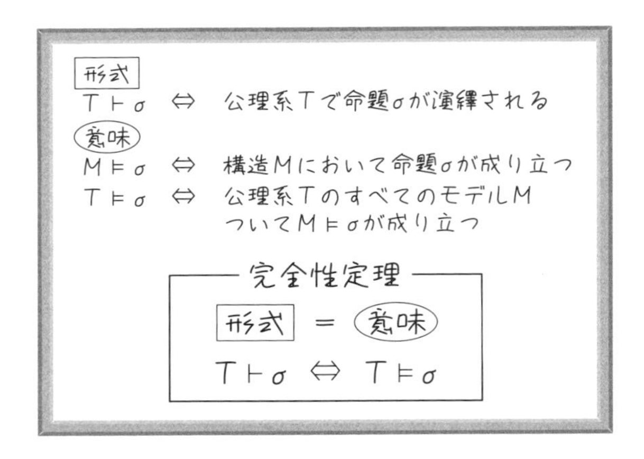

秋介 先生が書かれた記号(⊢，⊨ を指して)はどう読むのですか？

先生 記号を単独に読むことはほとんどありませんが，欧米では，ターンスタイル，ダブル・ターンスタイルという人が多いです．ターンスタイルというのは，遊園地の入り口にあるような1人ずつ押して入る回転バーのことです．黒板には書いてありませんが，公理系 T に対して $M \models T$ と書くと「T に属するすべての公理(命題)が M で成り立つ」という意味で，このとき「M は T を充足する」とか「M は T の**モデル**である」といいます．

第3時限

等式理論

先生 歴史を遡れば，等式と論理の関係に注目した哲人にライプニッツがいますが，彼のことを話すと長くなるので別の機会にさせてください．

さくら えっ，残念だっちゃ．

先生 ともあれ，論理と等式は切れない関係で，19世紀に論理的推論を等式で表現したのがブールで，20世紀に記号的計算操作を等式で表現したのがゲーデルでした．2人の仕事については，等式理論の基本を説明したあと，またお話しします．

まず，**等式**というのは，

$$(x+2)\cdot 3 = y+1$$

のようなものです．等号 = の両辺に現れる式は**項**と呼ばれます．項は，変数と定数を演算記号によって繫ぎ合わせたものです．専門的な定義の仕方をすると，変数と定数記号は項であり，n変数関数記号 $f(x_1, \cdots, x_n)$ とすでに項とわかっている $s_1, \cdots, s_n$ を結合したもの $f(s_1, \cdots, s_n)$ が項です．これらは単に記号列で，意味は与えられていません．

数学，とくに代数学には，公理が等式だけで表せる理論がたくさんあります．例えば，群論，環論，ブール代数などです．等式理論では，公理となる等式集合 T と同一律 $t = t$ だけを前提に，4つの推論規則によって，T で成り立つあらゆる等式が導けます．

等式理論T（Tは等式の集合）
公理1：Tに属する公理
公理2：同一律 $t = t$
4つの規則：

$$\frac{s = t}{t = s}\ (\text{対称}) \qquad \frac{s = t \quad t = u}{s = u}\ (\text{推移})$$

$$\frac{s(x) = t(x)}{s(u) = t(u)}\ (\text{代入})$$

※xは任意の変数，uは項

$$\frac{s_1 = t_1 \quad \cdots \quad s_n = t_n}{f(s_1, \cdots, s_n) = f(t_1, \cdots, t_n)}\ (\text{合成})$$

※fは関数（演算）記号

分数のように書かれている規則は，上の等式（複数あれば全部）が証明できれば，下の等式も証明できるという意味です．したがって，証明の構造は上に分岐する木のような形になり，**証明木**と呼ばれます．証明木の先端は T の公理か同一律 $t = t$ であり，途中は4つの規則のどれかのパターンに従って枝が伸びていて，一番下の根っこにあるのがこの木によって正しさが保証される命題，つまり定理になります．

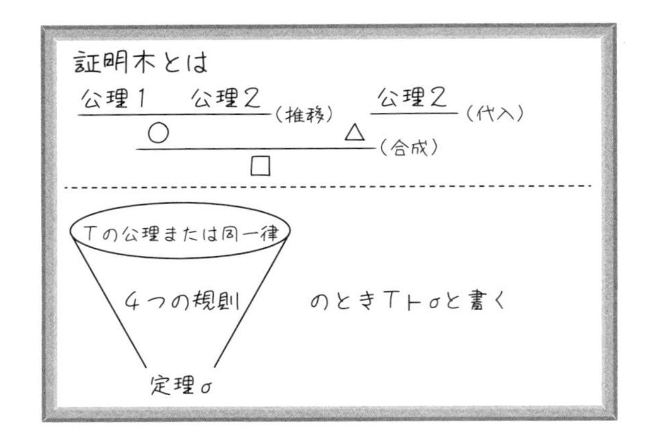

秋介 改まって黒板のように証明されると難しく見えますが，小学生でも算数の式変形で無意識に使っているルールですね．

さくら「証明木」の定義は，木の直観的なイメージに頼っていて，あまり厳密ではない感じがあっぺっちゃ．普通の言葉で述べた証明ではいけないんだべか？

先生 証明が何かはメタ数学の話ですね．とすると，メタ数学の議論にどれくらい数学の直観や常識が使えるかということになるのですが，そこに図みたいなものを持ち込みたくないというのもたしかに1つの立場でしょう．でも，有限の図式は数字などと同じくらい具体的なものと私は考えます．数字や文字だって有限の図式じゃないですか．すべての記号をドットの列などで表したら，大変なことになります．

さくら だから！ 納得したっちゃ．

先生 それにしても，さくらさんの突っ込みはいつも鋭いですね．メタ数学の立場が何かは重要な問題です．

春太 さっぱりわかんないから，具体的な例を出してほしいっす．

先生 そうですね．では，可換半群論を例に考えましょう．仰々しい名前ですが，普通の足し算や掛け算がもつ性質のいくつかを選んで公理にしたものです．まず，半群というのは，演算・を持った構造 $M = (M, \cdot)$ で，次の等式が任意の元 x, y, z について成り立つものです．

結合律　$(x \cdot y) \cdot z = x \cdot (y \cdot z)$

さらに，可換性は次のように表されます．

可換律　$x \cdot y = y \cdot x$

つまり，$T = \{(x \cdot y) \cdot z = x \cdot (y \cdot z),\ x \cdot y = y \cdot x\}$ が可換半群論です．・を自然数や実数の上の足し算や掛け算と解釈すれば，T の2つの公理は成り立っていますね．

では，可換半群論 T において $(x \cdot y) \cdot z = y \cdot (x \cdot z)$ の証明木を作ってみましょう．その前に，次の事実に注意しておきます．等式 $s = t$ が証明できれば，そこに現れる変数を適当に置き換えてできる等式も証明できます．たとえば，結合律から $(x \cdot z) \cdot y = x \cdot (z \cdot y)$ も得られます．これは代入規則を使って証明できる事実です．

黒板のように，まず2つの木 P_1 と P_2 を作って，それらを合わせた木が求める証明木になります．

P1

（結合）　$(x \cdot y) \cdot z = x \cdot (y \cdot z)$

（同一）　$x = x$　　（可換）　$y \cdot z = z \cdot y$

$x \cdot (y \cdot z) = x \cdot (z \cdot y)$　（合成）

$(x \cdot y) \cdot z = x \cdot (z \cdot y)$　（推移）

P2

（結合）　$(x \cdot z) \cdot y = x \cdot (z \cdot y)$

$x \cdot (z \cdot y) = (x \cdot z) \cdot y$　（対称）

（可換）　$w \cdot y = y \cdot w$

$(x \cdot z) \cdot y = y \cdot (x \cdot z)$　（代入）

$x \cdot (z \cdot y) = y \cdot (x \cdot z)$　（推移）

P_1　P_2

$(x \cdot y) \cdot z = y \cdot (x \cdot z)$　（推移）が，求める証明木になる

秋介　通常の式変形で，$(x \cdot y) \cdot z = y \cdot (x \cdot z)$ を導くことは私にもできそうですが，このような木を思いつくのは到底できそうもありません．先程のさくらさんの指摘に通じるのですが，証明木という考えはあまり自然ではないと思います．

先生　私もまず式変形をいろいろ考えて，それを証明木で表現し直しています．証明木で表わさなくても，証明の各ステップでどの規則をどう適用するかなど1つ1つ明記したら結局複雑になりますから，証明の構造を正確に表すという目的では証明木はとくに非効率ではないのです．少し演習問題をやっていただくとすぐ慣れますよ．

1つ演習問題を出しておきましょう．演習時間に解説しますので，それまでに各自で考えておいてください．質問や相談事があれば，演習時間にレオさんに聞いてください．

問題

二項演算記号・と定数c, d, eで表される等式理論を考える．まず，理論$T = \{c \cdot x = x,\ x \cdot d = x\}$に対して，$T \vdash c = d$の証明木を作れ．次に，理論$T' = \{c \cdot x = x,\ e \cdot x = x,\ x \cdot d = x\}$に対して，$T' \vdash c = e$を示せ．最後に，$T'' = \{(x \cdot y) \cdot z = x \cdot (y \cdot z),\ c \cdot x = x,\ e \cdot x = x\}$のモデルで，$c = e$を成り立たせないものがあることを示せ．

演習：ピグマリオン

特別入門授業の初日，学園長の３連続講義が終わり，ついに僕が受け持つ演習の時間がきた．開口一番何を話そうかと悩んだが，とりあえず自己紹介から始めた．

レオ ロジック学園へようこそ．チューターのレオ，正式にはレオナルドです．授業中もいいましたが，ブラジル人です．

春太 日系人じゃないんすか？

レオ 日系のブラジル人です．

春太 ブラジルでもいつも日本語で話しているんすか？

レオ それはありません．日本語は学校で勉強しました．それから日本の映画でも．英語もそうやって勉強しました．

美蘭 じゃあ，英語もうまいんですね．すごい!!

秋介 僕も映画は好きだけれど，ただ見ているだけだからな．

まどか どんな映画が好きか聞いたらどう答えてくれるのかと思うのでした．

レオ 高校生の頃観た『マイ・フェア・レディ』なんか好きです．

秋介 ピグマリオン効果のやつですね．

レオ そう．みんな知っているかな．キプロスの王ピグマリオンが自分の彫った女性像ガラテアに恋してしまう神話だけど．

秋介 彼はその彫像が生きた人間になるようにと衰弱するほど祈っていると，女神様がその願いを叶えてくれたのですよね．願えば叶うということですが，教育心理学の喩えとしては，教師の期待で学習者の成績があがるという意味で使われますね．

春太 オレは教員志望だから教えてあげるけど，それウソッパチっす．願ってるだけじゃだめ．ほめたり，しかったり，泣かせたり，なだめたり，笑わせたり，怒らせたりしないと．

美蘭 それ，やりすぎじゃないですか．

春太 そういう意気込みが大事なんす．ホメられてノビるくんもいれば，ナグられてノビるくんもいるんすよ．しかし，そんな古い西洋映画の話は先輩方だけでやってほしいっすね．

レオ じゃあ君,『プリティ・ウーマン』は知っているかい．あれも『マイ・フェア・レディ』のパロディなんだよ．

春太 うちのお袋が夜のテレビで何回も見てたやつっすね．なにが面白いのか，さっぱりっす．

レオ そうですか．ちなみに『マイ・フェア・レディ』でオードリー・ヘップバーンが演じた花売りのイライザは会話ボットの先祖の名として有名だよね．人工知能に興味がある人は知っているよね．

まどか 人工知能に興味があってイライザとか知らない人がいたら，もしもいたらだけど変な人だと思われちゃうかな．

秋介 会話ボットに「イライザって誰」って聞いてみるといいよ[1]．

レオ 最後にもう 1 つだけ．ギリシャ神話にもう 1 人ガラテアが登場するんだ．彼女は娘を産むんだけれど，夫が男児を強く望むので男の子として育てた．でも，段々と女っぽくなるので，男になるようにと祈っていたら神様が男にしてくれたというお話．

さくら おかしな話だっちゃ．本人はどっちがいいべさ．

レオ Foi mal(フォイ・マウ)(ごめん)．ともかく，僕がいいたいのは，みんな夢を持って勉強しようということ．話の続きはまた時間があるときにして，講義の復習を始めよう．

　まず，**等式理論**というのは，理論固有の公理と同一律そして 4 つの推論規則からできていた．**証明木**というのは，先端に理論 T の公理か同一律 $t = t$ をおき，途中は 4 つの規則のどれかで枝分かれしているものだ．それは，根っこの等式に対する証明の構造を表している．じつは，証明木の中のどの等式についても，それよりも上の部分がその等式の証明になっている．つまり，証明木は証明木を組み合わせてできているんだね．

　で，演習問題は次のようなものだった．

問題

二項演算記号・と定数 c, d, e で表わされる等式理論を考える．

（1）理論 $T = \{c\cdot x = x,\ x\cdot d = x\}$ に対して，$T \vdash c = d$ の証明木を作れ．

（2）理論 $T' = \{c\cdot x = x,\ e\cdot x = x,\ x\cdot d = x\}$ に対して，$T' \vdash c = e$ を示せ．

（3） $T'' = \{(x\cdot y)\cdot z = x\cdot(y\cdot z),\ c\cdot x = x,\ e\cdot x = x\}$ のモデルで，$c = e$ を成り立たせないものがあることを示せ．

最初に(1)だけど，T の公理から $c = c\cdot d = d$ はすぐにわかると思うので，それをどう証明木で表すかだね．春太さん，黒板でやってみてください．

［問題］（1）春太

$$\dfrac{\dfrac{\dfrac{x\cdot d = x}{c\cdot d = c}\ (\text{代入})}{c = c\cdot d}\ (\text{対称}) \qquad \dfrac{c\cdot x = x}{c\cdot d = d}\ (\text{代入})}{c = d}\ (\text{推移})$$

春太 朝飯前っすよ．ウェーイ！

レオ Consegui（コンセギ）!(やったね)　じゃあ，別の答えを考えた人いない？

秋介 左の枝で $x\cdot d = x$ に c を代入する前に，等号の左右を交換して $x = x\cdot d$ にしてから代入しても同じだし，ほかにもまず $d = c\cdot d = c$ を導いてから，全体の左右を入れ替える方法もあると思います．

まどか あの…その…証明木は全部でいくつくらいあるのかなとか考えてしまうのでした．

レオ いい質問だよ．じつは無限個ある．例えば，対称律は偶数回続けて適用したらもとと同じだし，代入もやって戻せば変わらないから，証明木はいくらでも無意味に大きくできる．

では，(2)を秋介さんにやってもらいましょう．

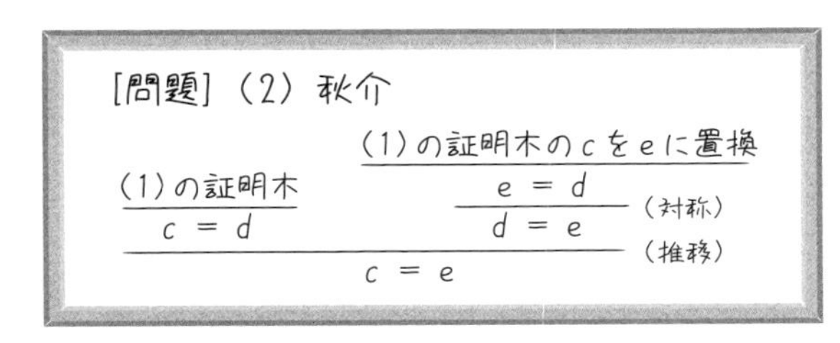

1) iPhone の Siri は，自分の先生だったと答える．

秋介 まず左の部分は(1)と同じ．次に，右に行って，(1)の木に現れるcを全部eに置き換えると$e=d$の証明木になる．その下に対称律を加えると$d=e$の証明木になる．あとは2つを推移律でつなげばよい．

レオ 完璧だね．最後に，(3)をまどかさん，どう？

まどか えっ？ どうしよう…演算が可換でないのはわかるけど．だって，もしそうなら$e=c{\cdot}e=e{\cdot}c=c$だから．でも，引き算や割り算のようなものだと結合律を満してくれないし….

レオ cやeを任意の元と考えて，$y{\cdot}x=x$となる演算を考えてみたらどう？

まどか わかんないよ，そんなの….

レオ じゃあ，誰かほかに…．美蘭さんかな．

[問題]（3）美蘭

$M=\{\{0,1\},\cdot\}$として，演算は$y\cdot x=x$を満たすものとする．このとき，

$(x\cdot y)\cdot z=z$, $x\cdot(y\cdot z)=y\cdot z=z$

となるから，Mは結合律を満たす．さらに

c, eは0でも1でも$c\cdot x=e\cdot x=x$だから，

MはT″のモデルである．

最後に$c\cdot 0$, $e=1$とすれば，$c=e$でない．//

まどか すごいなぁ．あのぉ…メイランさんって変わった読み方だよね．変な意味

じゃなくて．どうしてミランと読まないのかなと思ったりして．

美蘭 中国語では「美」をメイと発音して，「米」をミと発音するんですよ．だから，中国語でアメリカは「美国」です．でも，私は英語が大の苦手で，中学生の妹の美玲(メイリン)に教わっているくらいです．

春太 もしかしてあのメイリング[2]っすか？

レオ Enough for today. アミーゴス，明天見(ミンティェンヂェン)．

2) 三省堂の中学英語教科書に登場する人物 Meiling のことか．

3月1日(火)　授業2日目

等式理論とブール代数

ロジック学園の古びた校舎は，中央バスターミナルからヤギ山公園行きのバスに乗って「ロジック学園前」で降りるとすぐ目の前にあった．バス所要時間は20分弱で，ゆっくり歩いても小一時間の距離だ．とくに登りがきついためバスを利用する人が多かったが，僕は天気が良ければ自転車で通っていた．

初めて学園を訪問したときも，ブラジルの夏休みに来日して寄宿していたO泉町の叔母の家から300 kmの道程を旅行がてら3日かけて自転車でやって来た．学園長は突然現れた埃まみれの僕を温かく迎えてくれ，先生が尊敬する研究者のチューリングも自転車好きだったと話してくれた．僕は学園との繋がりを運命的なものに感じた．

その後ブラジルの大学を卒業し，再来日して学園生になった．正直にいうと，ロジックがすごくやりたいというよりは，日本の生活をもっと楽しみたかったのと，学園の雰囲気がとても僕に合っていたからだ．そしてあの特別入門授業の学生たちとの出会いがなければ，今もブラジルでロジックと無縁な生活を送

っていたかもしれない.

今日から3月だ. 昨日の雪はやんだが, まだ路面に雪が残っていたので僕は今日も自転車をあきらめた. 家の近くのバス停からバスに乗り込むと, 奥に彼らの姿が見えた. つい「Oi(オーイ)(やあ元気?)」と声をかけると,「オイだってさ」という小声が聞こえた. 彼らに近づきながら「これがブラジルの挨拶なんだ」などと弁解していると,「なんで, 日本人がポルトガル語で挨拶しなきゃいけないんすかねぇ」というつぶやきが耳に入った. このナイーブすぎる反応には腹も立たなかった. 彼らの既成概念や固定観念を壊すのが僕の役目なのだとそのときは考えていたのだが, ひょっとすると変わるべきは自分の方だったかもしれない.

バスが学園前に着くと, 僕は準備のため1人急いで研究室に向かった. 5人の賑やかな談笑の声を後に残して.

第1時限

等式理論の健全性定理

先生 昨日のテーマは, 等式のロジックでした. 数学, とくに代数学には, 公理が等式だけで表せる理論がたくさんあります. 例えば, 群論, 環論, ブール代数などです. 等式理論 T における証明は, T 固有の公理と同一律 $t = t$ を先端に持ち, 4つの推論規則によって分岐する木の形で表現できました. 昨日の演習時間に証明木の問題をやってもらいましたが, どうでしたか?

春太 簡単簡単. レオ様がつまらない話をしなけりゃもっとよかったっすけどね.

秋介 僕には面白い話だったけれどなぁ. 証明木が証明木を組み合わせてできているのもよくわかった.

さくら 項が項からできているのと同じだなやぁ, 先生?

先生 はい. 他にもこのような構造はたくさんありますよ. たとえば, 論理式もそうです. メタ数学的な概念はこのように原始再帰的に定義されるものが多いのです. このことは, 不完全性定理の証明をみるとよくわかります.

まどか 再帰性は計算可能性と一緒だと昨日習ったので, 原始再帰法はもしかして原始時代の計算法かもしれないと思ってしまうのでした.

先生 ゲーデルが不完全性定理の証明に導入した再帰的関数は, 今日では原始再帰的関数と呼ばれる特殊な再帰的関数です. 余談ですが, 何年か前に学園を訪問されたある偉い先生が，私にこんな話をしてくれました.「近頃は，自分がゲーデルと知り合いだったと言うと，原始人が現れたように驚いた顔をする人がいるので，昔の話はしにくくなったね」と．ゲーデルは1906年の生まれで，若い人にはやはり原始時代みたいなものですか？ いずれにしても，原始再帰的関数の「原始」は基本的というくらいの意味です.

さて，話を等式理論に戻しましょう.「等式理論 T で等式 σ が成り立つ」ということは，T のどんなモデル，すなわちその公理すべてを満たすどんな数学的構造においても σ が成り立つということで，このとき $T \vDash \sigma$ と書きます．数学的構造というのは有限なものに限らないので，この関係は現実には確かめようもない抽象的な意味を表します．他方，$T \vdash \sigma$ は証明木があること，つまり σ が T の公理から形式的に演繹されることを表します．この2つの概念が一致するというのが(バーコフの)完全性定理で，とくに $T \vdash \sigma$ ならば $T \vDash \sigma$ は**健全性定理**とも呼ばれます.

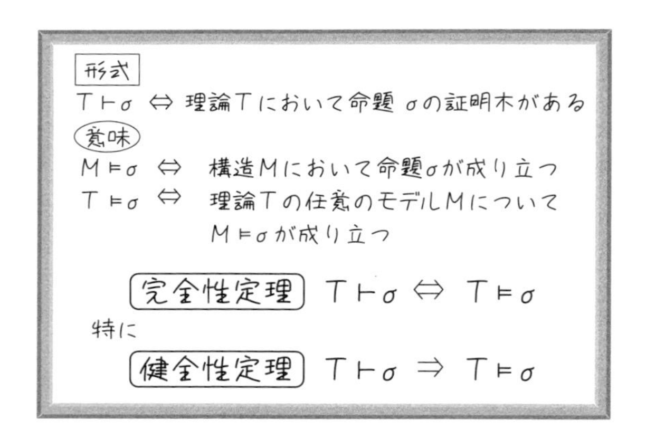

それでは，健全性定理の証明を説明しましょう．$T \vdash \sigma$ とすれば，T および同一律を最上段とし，σ を根とする証明木があるので，それを任意に1つ固定して議論を進めます．$T \vDash \sigma$ をいうには，T の任意のモデル M をとり，それが σ を満たすことをいま固定した証明木の枝に沿って，上から下へ示していけばよいのです．簡単にまとめると次のようになります.

健全性定理の証明

$T \vdash \sigma$と仮定する．すなわちTの公理と同一律を最上段とし，σを根とする証明木がある．
$T \models \sigma$を示すには，Tの任意のモデルMをとり，それがσを満たすことをいう．
いま，σの証明木において，最上段の等式はTの公理と同一律だから，Mで成り立っている．各規則については，前提がMで成り立てば結論も成り立つことが容易に確かめられる．
したがって，証明木に含まれるすべての等式がMで成り立つ．とくに，根のσもMで成立．

美蘭 この証明は，一種の帰納法ですか？

先生 そうです．原始再帰的に定義されたものについて何かを示すための常套手段なのです．

秋介 数学的帰納法とは違うのでしょうか？

先生 数学的帰納法の一般化といえるでしょう．数学的帰納法は，「0は自然数であり，xが自然数であれば$x+1$も自然数である」という自然数の原始再帰的定義を用いて，自然数の性質を示すものです．同じように，「公理は証明木であり，P_1, P_2が証明木であればそれらを推論規則で合体させた図式も証明木である」という定義に基づいて，証明木についての性質を証明することができます．

まどか 証明木を1つ固定して，それについて話をしているのに，すべての証明木についていえているとしたら，それはとっても不思議だなって．

先生 いいところに気づきましたね．数学的帰納法で証明する場合，すべての自然数nについて何かが成り立つことを結論として示すことが多いのですが，任意に自然数nを固定しておいて，n以下の部分で帰納法を使い，そのnについて何かが成り立つことを示すときもあります．証明木の議論は後者のパターンです．これらは本質的には同値なのですが，今は2つの証明法があって，どちらも使えると考えておくことにしましょう．

春太 各規則について，前提が成り立てば結論も成り立つことを確かめればいいと言いながら，結局何も確かめてなくないっすか．

先生 こういうところをサボるのが，私の悪い癖ですね．では，推移律を見てみましょう．この場合，$s=t$ と $t=u$ がともに構造 M で成り立てば，$s=u$ も成り立つことをいいます．ここで，$s=t$ が構造 M で成り立つというのは，$s=t$ に含まれる変数に M の任意の元を入れて等式が成り立つことです．したがって，「$s=t$ かつ $t=u$ ならば，$s=u$」が M で成り立つということの素朴な解釈とは違うのです．素朴には，2つ以上の等式に共通して現れる変数 x は，同一の元を指すと解釈しますね．しかし，ここでは等式ごとに任意の元を表します．述語論理の知識を仮定して説明すれば，ここで示すのは「$\forall x(s=t)$ かつ $\forall x(t=u)$ ならば，$\forall x(s=u)$」が M で成り立つことで，その素朴な解釈「$\forall x$ ($s=t$ かつ $t=u$ ならば，$s=u$)」が成り立つことではありません．ただし，後者の方が強い主張なので，それがいえれば十分です．

　では，素朴な解釈の方を私たちの理論で扱いたいときには，どうすればいいでしょうか？ 問題を少し簡単にして考えてみましょう．例えば，「$x=y$ ならば $x{\cdot}z=y{\cdot}z$」について，美蘭さんはどう扱ったらいいと思いますか？

美蘭 私たちの理論で $x=y$ を仮定すると，その x,y に任意の要素を代入して等号が成り立つことになるので，対象の構造が複数の元をもたないことになります．しかし，素朴には $x=y$ を条件として用いたいわけです．つまり，x と y が同一元を表している場合ですが…．どう扱えばいいかはわかりません．

先生 定数 c,d を用意して，$c=d$ を公理にしてみたらどうでしょうか．これなら，すべての元が等しいことにはなりません．そして，$c{\cdot}z=d{\cdot}z$ を合成の規則で証明するのです．定数の追加は，健全性の逆の証明においてはとても重要になります．

春太 また横道に逸れていますよ．健全性定理の証明はどうなったんすか？

先生 すみません．もう一度推移律をみてみましょう．$s=t$ と $t=u$ がともに構造 M で成り立てば，$s=u$ も成り立つことをいえばよかったですね．s,t,u に現れる各変数に M の元を任意に代入して計算した結果(M の元)をそれぞれ $\bar{s},\bar{t},\bar{u}$ とします．仮定から，構造 M において $\bar{s}=\bar{t}$ かつ $\bar{t}=\bar{u}$ だから，$\bar{s},\bar{t},\bar{u}$ は M の同じ元を指します．よって，等式 $\bar{s}=\bar{u}$ も構造 M で成り立ちます．変数に代入する元は任意だったから，$s=u$ が構造 M で成り立つことになります．ということで，推移律についてはこれでいいでしょうか？

春太 ほかの規則ももう大丈夫っす．

先生 では，いよいよ完全性定理のメインパートの証明に入りたいのですが…．もう時間ですね．

第2時限
等式理論の完全性定理

先生 これまでのところで，何か質問はありませんか？

まどか ロジックは，数学の基本的な事柄を疑いのない確かなものにしてくれるものと思ってたんだけど，今日の授業はとっても抽象的でなんだかよくわかんない．簡単な話が難しくなっていくようで，こんなの絶対おかしいよ．

先生 たしかに完全性定理の証明は簡単ではありません．でも，わかっていることをよりわかりやすくするのがロジックの目的ではないのです．等式理論の完全性定理は，ゲーデルの完全性定理より後にバーコフが証明したのですが，彼の目的は完全性そのものではなく，等式で公理化できる代数系がどのような性質を持つかを特定したかったのです．そういう目的は今の段階ではうまく説明できませんが，徐々にわかってもらえると思います．

さくら 証明木に関する何かの命題を証明する場合は，やはり証明木のようなものを使って形式化できるのではねぇすか？　教えてけさいん．

先生 いい質問ですねぇ．できるんですよ．ただ，メタ数学のすべてを等式理論で直接展開するのはちょっと大変ですから，述語論理や算術の理論を導入してからまた考えていきましょう．

では，いよいよ完全性定理の真髄である，「健全性の逆」の証明に入ります．対偶を示すので，$T \vdash \sigma$ でないことを仮定します．そして示したいことは，$T \vDash \sigma$ でないこと，つまり T のモデルであって，σ を成り立たせない構造が存在することです．等式 σ を成り立たせないとはどういうことですか？　常に等号が成り立たないのではなく，等号を成り立たせない元があることですね．

そこで，σ に含まれる各変数 x を新しい定数 c_x とみなし，その定数の全体を $\mathscr{C}$ と置きます．そして，もとの言語(演算記号や定数)に $\mathscr{C}$ の定数を追加して，変数を使わずに作られる項の全体を $\mathrm{Term}(\mathscr{C})$ で表します．つまり，x と c_x を同一視すれば，σ に含まれる変数だけを使って作られる項の集合が $\mathrm{Term}(\mathscr{C})$ です．当然，(変数 x を定数 c_x と同一視した) σ は $\mathrm{Term}(\mathscr{C})$ に含まれます．

次に，$\mathrm{Term}(\mathscr{C})$ 上に同値関係 $\equiv_T$ を定義します．任意の $s, t \in \mathrm{Term}(\mathscr{C})$ に対して，

$$s \equiv_T t \Longleftrightarrow T \vdash s = t$$

右辺の s, t は左辺の s, t の定数を変数に読み換えたものであることに注意してください．そして，$\mathrm{Term}(\mathscr{C})$ の元 s の同値類 $[s]$ の全体 $\mathrm{Term}(\mathscr{C})/{\equiv_T}$ を構造 M とおくと，それが T のモデルであって，σ を成り立たせないことが以下のようにわかります．

まず，構造 M が T のモデルであることをみるために，T の公理 θ を任意に選びます．そして，θ に含まれる変数に M の元を任意に代入した等式が M で成り立つことをいいたいのですが，それには M の元の代わりに $\mathrm{Term}(\mathscr{C})$ の元(例：$t(c_x)$)を代入した式 $\bar{\theta}$ の両辺が $\equiv_T$ の意味で同値であることをいえば良いのです．それはまた，$\bar{\theta}$ の中の c_x を x に置き直した式 θ' が T の定理になっていれば良いわけです．ところが少し考えてみれば，θ' も θ の変数になにがしかの項(例：$t(x)$)を代入したものになっているので，代入法則から $T \vdash \theta'$ になります．よって，公理 θ は構造 M で成り立ちます．また，構造 M が σ を成り立たせないことは，同値関係 $\equiv_T$ および構造 M の定義から明らかです．

<u>完全性定理の証明</u>

$T \vdash \sigma$ でないと仮定する．
σ に含まれる変数 x を定数 c_x とみなし，
その集合を C とし，C で生成される項全体を
$\mathrm{Term}(C)$ と書く．
$\mathrm{Term}(C)$ 上の関係 $\equiv_T$ を次で定める．

$$s \equiv_T t \Leftrightarrow T \vdash s = t$$

この関係で定まる同値類全体 $\mathrm{Term}(C)/\equiv_T$ を
M とおくと，$T \vdash \delta \Leftrightarrow M \vDash \delta$ である．
$\therefore$ M は T のモデルで，σ を成り立たせない．

美蘭 群論 T の場合を考えると，上の構造 M は，$\mathscr{C}$ で生成される自由群ですか？

先生 まさにそうです．そういう用語を知っているなら，ここで構成される構造 M は，一般に自由代数と呼ばれるものです．つまり，成り立つ等式が最も少な

くなるような構造です．

まどか 成り立つ式が少なくて不自由なのに，どうして自由っていうのかと思ってしまいました．

先生 半群論を例に，もう少し考えてみましょう．$T = \{(x \cdot y) \cdot z = x \cdot (y \cdot z)\}$ を半群論として，σ を可換律 $x \cdot y = y \cdot x$ としましょう．このとき，x, y に対応する定数 c_x, c_y を簡単に c, d と書くことにします．すると，$\mathscr{C} = \{c, d\}$ で，$\mathrm{Term}(\mathscr{C})$ は

$$\{c, d, c \cdot c, c \cdot d, d \cdot c, d \cdot d, c \cdot (c \cdot c), \cdots\}$$

のように無限個の項からなります．次に，同値類をとって，構造 M を定めようとすれば，半群論では，かっこを付け替えても同値なので，例えば $c \cdot (c \cdot c)$ と $(c \cdot c) \cdot c$ は同一視しなければなりません．それには最初からかっこのないものを同値類と考えればよいのです．つまり，$c \cdot (c \cdot c)$ も $(c \cdot c) \cdot c$ も，同値類として $c\,c\,c$ で表します．すると，構造 M は c, d の文字列の集合とみなせますね．もちろん，cd と dc は文字列として異なりますから，構造 M において $x \cdot y = y \cdot x$ は成り立たないのです．しかし，構造 M を出発点にして，例えば cd と dc を同一視すれば可換半群になりますし，別の条件を付加すれば別の半群になります．

さくら 余分な性質を持たないから，これを変形していろいろな構造を作れるんでねぇすか．何も持たないのが自由なんて，ステキだっちゃ．

秋介 また代数学の講義になっていますね．

先生 ロジックらしい話は，次の時限から始めます．ブール代数がそのテーマです．

第3時限

ブール代数

先生 では，ロジックの話を始めましょう．現代論理学の一般的な教科書では，命題論理を一通り説明してから，述語論理を扱うことが多いと思います．教科書によると，真偽を表す文が「命題」で，命題の論理的なつながりを調べるのが「命題論理」でした．それに対して，命題(文)をさらに主語と述語の概念に分解して，概念の包摂関係による真偽を調べるのが「述語論理」です．では，歴史的にはどうだったでしょうか？　最初にアリストテレスが研究したのは述語論理に近い「名辞論理学」でした．命題論理を研究したのはそれ

より約1世紀後のストア派であり，特にその領袖クリュシッポスによって完成されたと言われています.

さくら 名辞論理学や概念論は，論理学とは思えないのっしゃ．論理学の本質は「ならば」だべ．仮言三段論法が重要で，アリストテレスの定言三段論法はパズル遊びだっちゃ.

先生 思い切ったことを言いますね．ほかの人には馴染みのない用語が使われていると思うので，私の言葉で少し説明しましょう.

春太 まず，サクラッチの「だっちゃ」とか説明してほしいっす.

さくら おだづなよ！(調子乗んな) クラッチって野球のマスコットだべさ.

レオ 気にしないで．先生，続けてください.

先生 まず,「定言命題」というのは，条件なしに成り立つ命題のことです．アリストテレスは，定言命題として次の4種類を考えました.

1. **全称肯定**：すべてのSはPである.
2. **全称否定**：すべてのSはPでない.
3. **特称肯定**：あるSはPである.
4. **特称否定**：あるSはPでない.

これらのうち2種類の命題を用いて，第3の命題を導く推論を「定言三段論法」といい，3種類のいろいろな組み合わせについてその妥当性を調べたのがアリストテレスです.

これに対し，条件付き命題，つまり「ならば」を含むようなものが仮言命題です．仮言命題に関する三段論法は仮言三段論法といい，アリストテレスの弟子によって導入されたのですが，本格的な研究をしたのがストア派，英語でいうとストイック・スクールです.

春太 ストア派っちゅうのは，ストイック集団ってわけっすか．好かんなあ.

さくら 欲望や感情の抑制がストア派の目的ではなく，理性の優位性を訴えたかったのっしゃ．プラトン派がプラトニック・ラブを推奨したわけでないのと同じだべさ.

春太 そう言ってもらえると勇気百倍っすね.

レオ 理性的にね．春太さん.

先生 20世紀に入ってからストア論理学が注目されるようになったのは，それが案外現代の数理論理学と多くの共通点を持っていたからです．現代以前の西洋論理学といえばひたすらアリストテレスで，19 世紀中葉のブールもストア論理学のことは何も知らなかったと思われます．

では，ブールの着想を説明しましょう．まず，$X, Y, \cdots$ を「鳥」「動物」などの名辞として，$x, y, \cdots$ をそれらの外延，つまり鳥の集合や動物の集合とします．そして，x と y の共通部分を $x \wedge y$ と書くことにすれば，$x \wedge y = x$ は「すべての X は Y である」という命題を表すことになります．

したがって，定言三段論法の代表例「すべての X は Y であり，かつすべての Y が Z であるとき，すべての X が Z である」は，

$$x \wedge y = x \quad \text{かつ} \quad y \wedge z = y \quad \text{のとき，} x \wedge z = x$$

と表現できます．ブールは，このようにして定言三段論法を代数的な式に翻訳しました．しかし，彼は公理系を完成させたわけではなく，その後の多くの人の貢献があって，20 世紀に入ってからブール代数の公理が定まったのです．歴史の話はここまでにして，ブール代数の等式理論 BA を導入します．

理論 BA は，2 変数関数記号 $\wedge$（積），$\vee$（和）と 1 変数関数記号 $\neg$（否定）および定数 0（偽），1（真）を使って定義されます．

ブール代数の理論 BA は

言語 $\{\vee, \wedge, \neg, 0, 1\}$ における次の等式からなる．

① 束の公理

[巾等] $x \vee x = x$, $x \wedge x = x$

[可換] $x \vee y = y \vee x$, $x \wedge y = y \wedge x$

[結合] $x \vee (y \vee z) = (x \vee y) \vee z$,

$x \wedge (y \wedge z) = (x \wedge y) \wedge z$

[吸収] $(x \vee y) \wedge x = x$, $(x \wedge y) \vee x = x$

② [分配] $(x \vee y) \wedge z = (x \wedge z) \vee (y \wedge z)$

$(x \wedge y) \vee z = (x \vee z) \wedge (y \vee z)$

③ $x \vee 0 = x$, $x \vee (\neg x) = 1$, $x \wedge 1 = x$,

$x \wedge (\neg x) = 0$

理論 BA のモデルを，**ブール代数**といいます．別の定義法として，$(\mathbb{Z}, +, \cdot)$ のような可換環の理論に公理 $x \cdot x = x$ を付加するものもあります．このと

き，$\wedge$ を掛け算・とし，$\vee$ や $\neg$ を次のように定義するとブール代数ができます．

$$x \vee y = x + y + x \cdot y, \qquad \neg x = 1 + x.$$

秋介 逆に，ブール代数から可換環ができますか？

先生 これは秋介さんの演習問題にしますので，考えておいてください．

では，ブール代数に対して完全性定理の応用を考えましょう．簡単のために，3つの変数 x_1, x_2, x_3 だけを含む項の等式を扱います．まず，各変数 x_i について，x_i かその否定 $\neg x_i$ のどちらかを選んで $\wedge$ でつないだものを**基本積**と呼びます．すると，基本積は 2^3 個存在しますね．次に，基本積のいくつかを $\vee$ でつないだ項を**積和標準形**と呼びます．これはベキ等，可換など BA の公理から，2^3 個の要素をもつ集合の部分集合に対応しますから 2^{2^3} 個存在します．ただし，空集合に対応する 0 個の基本積の和は定数 0 と定めます．重要な事実は，3つの変数 x_1, x_2, x_3 だけからなるどんな項もただ1つの積和標準形と同値になることです．

ブール代数の標準形定理

$X = \{x_1, x_2, x_3\}$ とすると，

・基本積 $= \{x_1 \wedge x_2 \wedge x_3,\ x_1 \wedge x_2 \wedge \neg x_3,$
$x_1 \wedge \neg x_2 \wedge x_3, \cdots\}$ 2^3 コ

・積和標準形 $= \{(x_1 \wedge x_2 \wedge x_3)$
$\vee (x_1 \wedge x_2 \wedge \neg x_3), \cdots\}$
$2^{(2^3)}$ コ

標準形定理　任意の項 $\sigma(x_1, x_2, x_3)$ に対して，ある積和標準形の項 ϕ が唯一存在して，$\mathrm{BA} \vdash \sigma = \phi$ となる．

この定理はどうやって証明したらいいと思いますか？

まどか 項の定義に関する帰納法かも．

先生 その通り．でも，この定理を証明する前に，次の補題を示しておくと便利です．

> **標準形定理の証明ポイント**
>
> 補題 $BA \vdash \sigma(x_1, x_2, x_3) = \sigma(0, x_2, x_3) \wedge \neg x_1$
> $\vee\, \sigma(1, x_2, x_3) \wedge x_1$
>
> 証明は，σの構成に関する帰納法による.
>
> 同様に右辺をx_2について展開すれば，
>
> 補題 $BA \vdash \sigma(x_1, x_2, x_3) = (\sigma(0, 0, x_3) \wedge \neg x_1 \wedge \neg x_2)$
> $\vee (\sigma(0, 1, x_3) \wedge \neg x_1 \wedge x_2) \vee (\sigma(1, 0, x_3) \wedge x_1 \wedge \neg x_2)$
> $\vee (\sigma(1, 1, x_3) \wedge x_1 \wedge x_2)$
>
> x_3でも展開して，$(\sigma(b_1, b_2, b_3) \wedge$基本積$)$を
> $\vee$でつないだ項と同値になる.

このようにして，$(\sigma(b_1, b_2, b_3) \wedge$基本積$)$を $\vee$ でつないだ項が得られたとしましょう．いま，b_iは0か1で，それらを代入した係数$\sigma(b_1, b_2, b_3)$もBAの公理から0か1の値をとります．そこで，係数が0になる場合の基本積を消去し，1の場合の基本積だけを $\vee$ でつないだ積和標準形を考えれば，それが求めるϕになります．

春太 完全性定理の応用を考えるはずが，また関係ない話になってないっすか？

先生 少し遠回りだったかもしれませんが，関係ない話ではありません．完全性定理の証明でモデルを作るときに，項の同値類の集合を考えましたね．ブール代数の同値類はどうなるでしょうか？ 考える変数を有限個に限定しておけば，各同値類には代表元となる積和標準形が存在しますから，同値類全体は有限で，構成されるモデルも有限であることがわかります．つまり，BAもしくはその拡大理論に関して，証明できない式は有限モデルで反例が見つかるということです．これは，証明できるかできないかの判断が有限的にできるということです．すごいでしょう．他方，半群論や群論の場合，自由代数は無限個の元を含むので，反例となるモデルが有限にとれるかどうかわかりません．

春太 ロジックらしい話のはずでっしゃろ．

さくら しずねごだ(うるさい)．これが先生のロジックだべさ．

先生 そう．ヒルベルトは「決定問題が数理論理学の主問題(Hauptproblem)である」といっている．ブール代数の決定問題は，命題論理の決定問題でもあり，

1920年代にポストとベルナイスにより解決されたのですが，まさにこの先に不完全性定理が登場するのです．

春太 それを最初にいってほしいっす．

先生 ブールは定言三段論法の代数化としてブール代数を考案しました．ブール代数は集合演算であって，論理演算ではありません．しかも，ブールのオリジナルでは，$\vee$ をあえて排他的和で定義していたのです．どうしてかは，さっきの秋介さんへの問題に関連していますので，演習の時間にレオさんに説明してもらいましょう．現代にストア論理学を復活させたフレーゲは，ブールの $\vee$ をライプニッツよりも後退していると貶（けな）しましたが，それはいいすぎでしょう．フレーゲ以降のロジックについては，明日お話ししたいと思います．

最後に，ブールの集合演算と論理演算の関係を簡単に説明します．2つの集合 $A_i = \{a : \phi_i(a)\}$ $(i = 0, 1)$ に対する集合演算は，次のように論理演算に対応しています．

$$A_0 \cap A_1 = \{a : \phi_0(a) \wedge \phi_1(a)\}$$
$$A_0 \cup A_1 = \{a : \phi_0(a) \vee \phi_1(a)\}$$
$$A_0 \text{ の補集合} = \{a : \neg\phi_0(a)\}$$

フレーゲの後，ラッセルによって推進された論理主義のエッセンスは，集合の議論を論理の議論に還元することですが，それは上の関係に端的に表れています．

最後にまた演習問題を出しておきますよ．

問題

（1）ブール代数の等式 σ に対し，$\wedge$ と $\vee$ を置き換え，0と1を置き換えた等式（双対式）を $\tilde{\sigma}$ で表すと，

$$BA \vdash \sigma \Longleftrightarrow BA \vdash \tilde{\sigma}$$

が成り立つことを示せ．これを双対定理という．

（2）標準形定理の補題を証明せよ．

講義の後，僕は演習問題の背景の考え方について先生から説明を受けた．先生のノートには，思索の跡が細かい字でびっしりと書き込まれており，先生の思考の旋律に触れた感じがして，身の引き締まる思いだった．

演習：リンダ問題

学園長から演習問題についてアドバイスを受けて教室に戻ると，彼らはもう僕を待ち構えていた．

レオ 何か質問ありますか？

春太 ブラジルの子供たちは家でゲームなんかしないでみんな外でサッカーやっているってホントっすか？ オレ，これでも教師志望なんで．

レオ 講義の質問じゃないのか．じゃあ逆に質問するけど，ブラジルには，「サッカーをする子」と「ゲームより好きでサッカーをする子」ではどちらが多いと思う？

春太 そんなこと知っていれば，質問していないっす．後の方だとは思うけど．

レオ うまくひっかかったね．ノーベル経済学賞のダニエル・カールマンの「リンダ問題」って聞いたことない？

春太 お袋がよく「リンダ困っちゃう」とか言っていたやつっすか．

レオ たぶん関係ないけど．リンダは学生時代に哲学を勉強していて，ものをはっきり言う聡明な女性という想定です．彼女は人種差別や社会正義に関する問題にも関心があった．そんなリンダがいまやっている仕事は「銀行の窓口業務」と「銀行の窓口業務をしながら，フェミニスト運動家」のどちらの可能性が高いと思うかという問題なんだ．

春太 当然後の方っすよね．リンダってサクラッチの気難しい姉さんって感じ．窓口じゃ飽き足りなさそうだもん．ノーベル賞も楽勝っす．ウェーイ!!

さくら ほでなす(愚か者)．

レオ これを**連言錯誤**（アンド）というんだよ．よく考えればわかるはずだけど，文脈によって春太さんのように錯覚してしまう．例えば，ただのサッカー好きよりも，室内遊びに興味がないサッカー好きの方が現実感があって大勢いるように思えたりするんだ．

まどか 選言錯誤（オア）とかはないのかなって．

レオ いい質問だね．自分で考えてごらんよ．もう一言注意しておくと，世の中には論理を非論理的に捉えるミスより非論理を論理的に捉えるミスの方が多いことだよ．日本の自動車免許試験の問題にこんなのがあった．「夜の道路は危険なので気を付けて運転しなければならない」は正しいか？

秋介 もちろん正しいでしょ．

レオ 正解は×だよ．理由は昼夜問わず気を付けて運転しなければならないからだってさ．

さくら 因果を表す「なので」や「だから」は論理的な相関の「ならば」とは違うということだっちゃ．

レオ そう．だから，こういう問題は論理的には答えられないんだ．

春太 いつまでわかんない話してるんすか．で，僕の質問の答えは？

レオ Foi mal（フォイ・マウ）（ごめん）．ブラジルのサッカー人口は，日本人が思うほど高くない．人口比を考えればヨーロッパの国，たとえばイギリスよりもずっと少ないよ．ブラジルだって，サッカーしないでゲームしている子はたくさんいるんだ．

じゃあ，演習問題．まず確認しておくと，理論 BA は，$\wedge, \vee$ に関する分配束（そく）の公理と，$\neg$ および $0, 1$ に関する公理でできていたね．

ブール代数の理論 BA は次の等式からなる．

①［可換］ $x \vee y = y \vee x$， $x \wedge y = y \wedge x$

②［分配］ $(x \vee y) \wedge z = (x \wedge z) \vee (y \wedge z)$

$(x \wedge y) \vee z = (x \vee z) \wedge (y \vee z)$

③［単位元］ $x \vee 0 = x$， $x \wedge 1 = x$

［補元］ $x \vee (\neg x) = 1$， $x \wedge (\neg x) = 0$

秋介 講義では①は束の公理になっていましたが，可換律だけでいいのですか？

レオ じつは，束の他の公理は可換律と②から導けるんだ．先生からさっき聞いたばかりだけど．ところで，ブール代数から可換環を作る問題が秋介さんに出されていたけど，わかりましたか？

秋介 ブールは $\vee$ を排他的和で定義したという先生の話があったので簡単にできました．掛け算・をそのまま $\wedge$ とし，足し算を $x+y = (x \wedge \neg y) \vee (\neg x \wedge y)$ と置けばいいだけですね．これで可換環ができることはブール代数の公理からすぐにわかる．ちょっと意外だったのは，$-x = x$ となることです．

レオ ブールの目論見は，アリストテレスの論理学(オルガノン)を算術に還元することだったから，排他的和の方が通常の乗算に近くて使い勝手が良いと考えたんだ．$-x=x$は普通じゃないかもしれないけれど，これが成り立つ可換環を**ブール環**というんだ．

演習問題だけど，最初の問題は双対定理の証明だね．

問題

（1）ブール代数の等式σに対し，$\vee$と$\wedge$を置き換え，0と1を置き換えた等式(双対式)を$\tilde{\sigma}$で表すと，$\mathrm{BA} \vdash \sigma \Leftrightarrow \mathrm{BA} \vdash \tilde{\sigma}$が成り立つことを示せ．

レオ 今度は，まどかさん，どうかな？

まどか どうしようっ…あの…．

美蘭 まどかさん，きっとできるわ．

まどか えぇと…ぅぅん…．

美蘭 考えないで．感じるのよ！

まどか う…うん．

美蘭 指を見ないで，指の先の月を見るの．

まどか あっ，そうか．BAの公理って，双対式とペアになっているよね．

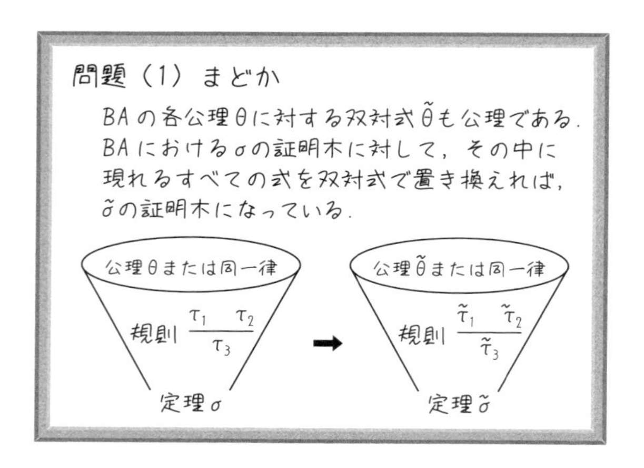

美蘭 太棒了(タイバンラ)(すてき)！

まどか ミランちゃん，ニーハオ！

美蘭 それをいうなら，メイランさん，謝謝（シェシェ）よ．

さくら 双対定理は不思議だっちゃ．ブール式の $\vee$ と $\wedge$，0 と 1 を置き換えたら，意味がでんぐりげえるのに，一方が正しいとき，そのときに限って他方も正しいということになるんだなやあ．裏表のどっちが本当の世界かわからないということだっちゃ．

レオ 驚くべき事実だね．ところで，さっき秋介さんがブール環では $-x=x$ が成り立つと言っていた．つまり $x+x=0$ がいえるんだけど，何か気付かない？

さくら $x+x=0$ の双対式は $x \cdot x=1$ になるはずだけんど，正しい式は $x \cdot x=x$ だから，ブール環では双対定理が成り立たないんださあ？

レオ そうなんだよ．だから，ブール環で話が終わっていたら今日のロジックの発展はなかったかもしれない．いま先生から教えてもらったばかりの話なんだけどね．

次の問題も手強いよ．

問題

（2）標準形定理の補題を証明せよ．

証明すべき等式は，x_1 以外の変数を表示しなければ，

$$\sigma(x_1)=(\sigma(0)\wedge\neg x_1)\vee(\sigma(1)\wedge x_1))$$

だ．これには σ の構成に関する帰納法を使うんだけど．

さくら やってみるっちゃ．

問題（2）さくら

1. $\sigma(x_1)$ に演算記号が含まれない場合．
   $\sigma(x_1)$ が x_1 のとき，$\sigma(0)=0$，$\sigma(1)=1$
   だから右辺 $=x_1$ となり等号が成り立つ．
   $\sigma(x_1)$ が x_2 のとき，$\sigma(0)=\sigma(1)=x_2$ で
   右辺 $=(x_2\wedge\neg x_1)\vee(x_2\wedge x_1)$
   $=x_2\wedge(\neg x_1\vee x_1)=x_2=$ 左辺．
   $\sigma(x_1)$ がそれ以外の変数や定数のときも同様．

2．$\sigma(x_1)$が$\tau_1(x_1) \wedge \tau_2(x_1)$のとき帰納法の仮定で
$\tau_i(x_1) = (\tau_i(0) \wedge \neg x_1) \vee (\tau_i(1) \wedge x_1) \quad (i = 1, 2)$
$(\cdots \wedge \neg x_1) \wedge (\cdots \wedge x_1) = 0$ 等を用いて計算し，

$$\tau_1(x_1) \wedge \tau_2(x_1) = (\tau_1(0) \wedge \tau_2(0) \wedge \neg x_1) \vee (\tau_1(1) \wedge \tau_2(1) \wedge x_1) \cdots \text{右辺}$$

$\sigma(x_1)$が$\tau_1(x_1) \vee \tau_2(x_1)$のときも同様にいえる．
$\sigma(x_1)$が$\neg\tau(x_1)$のとき，帰納法の仮定と簡単な計算で，

$$\neg\tau(x_1) = (\neg\tau(0) \wedge \neg x_1) \vee (\neg\tau(1) \wedge x_1).$$

レオ さくらさん，イキナリ（とても）すごいよ．

さくら Obrigada!（オブリガーダ）（ありがとう）

3月2日(水)　授業3日目

命題論理

大震災の衝撃でそれ以前の出来事はどこかに吹っ飛んでしまった感じだが，あの頃を思い出すと世間を騒がせていたのは大学受験のカンニング事件だ．入試本番中に携帯を使ってネット掲示板に質問するという裏技を用いた受験生がいた．謎のハンドルネームだけが残されてなかなか本人が特定できず，連日テレビや新聞を大きく賑わしていた．その男がなんとこの町に住んでいるらしいという噂が流れたかと思うと，翌日には中央駅で逮捕されたと聞いてびっくりした．ブラジルにも難関大学はあるし予備校もあるけれど，社会全体がこんなことで大騒ぎをするような受験競争は存在しない．有名大学に入りたければ，少し高い授業料を払って名門私立高校に通っておくとだいたい合格できるのだ．しかし，それが万人に幸せなコースだとも考えられない．日本では小学生でもテストの成績で順位付けされると知ったときにはちょっとショックだった．ブラジルの小学校には通信簿などないから，みんな身の程知らずの夢を持ったまま育つ．ロジック学園だって成績とは無関係に意欲的で魅力的な人がたくさん集まっているじゃないか．こういう夢のあるところから新しい日本が生まれるといいなと思うのは，僕が日本人じゃないからだろうか．

授業3日目．僕は少し早めに自転車で学園に来た．すると，さくらさんがもう教室にいて，昨日の演習問題の復習をしていた．僕の姿に気付くと，彼女は答案をチェックしてほしいと言ってノートを差し出した．昨日黒板では省略されていた証明の細部がきちんと書かれおり，僕は感心して「Beleza!(美しい)」と言うと，彼女は恥ずかしそうに下を向いた．そんなところへ，ほかの4人がぞろぞろと入ってきた．

美蘭 Bom dia!(おはようございます)

まどか さくらちゃん，おっはよう〜．今日はお休みかと思っちゃった．

春太 オレ明日から早起きして，サクラッチの朝練を応援すっかな．

秋介 ギリギリ君には無理だと思うよ．

レオ さあみんな席に着いて．授業が始まるよ．

第1時限

ブール代数から命題論理へ

先生 昨日は，等式理論の完全性定理とブール代数の話をしました．完全性定理の「完全」の意味はもう大丈夫ですね．

春太 不完全性定理とは直接関係ないってことっすね．

先生 そう，残念ながら．不完全性定理の「完全」は公理系がそれ以上大きくできないという意味で，完全性定理の「完全」は公理系がすべてのモデルに共通する真理を全部導出するということです．

まどか どうして，そんな紛らわしい名前を付けたのかなって．

先生 たしかに紛らわしいね．でも，2つの定理は本当は無関係ではないのです．例えば，2階論理というものを考えると，完全性定理がうまく成り立たないのですが，その根拠がまさに不完全性定理なのです．この辺はもう少し先でまた話しましょう．また，完全性定理はモデルや解釈の一意性を意味しないので，双対定理のようなものがあるわけです．

さくら ブール代数でいえる双対定理が，ブール環ではいえないんだけっとも，ほかにも双対定理のようなものが成り立つ理論はあるんでねぇの？ いや，ありますか？

先生 代表的なのは射影幾何の双対定理でしょう．次のようなものです．

> **射影幾何の双対定理**
>
> 射影幾何の命題σに対し，文中の「点」と「直線」の2語を入れ換え，それに従い「(点)が(直線)の上にある」と「(直線)が(点)を通る」という述語も入れ換えると，別の意味をもつ例題$\tilde{\sigma}$ができる．そして，
>
> 命題σが射影幾何の定理であれば，命題$\tilde{\sigma}$も定理になる．

さくら 射影幾何というのはよくわからねすが,「点」と「線」が入れ換えられるなら, もう公理系の役を果たさねぇように思うんださ.

先生 モデルを一意に定めたいという目的ではそうですが, 公理系の用途は多様です. 昨日の演習では, 双対定理のほかに標準形定理をやってもらいましたが, 標準形定理やその補題はブール環でも成り立つことはいいですか？ そもそも基本積の和は排他的な和になっていたでしょう. この定理はブール自身が証明を与えていて, 彼の思想をよく表していると思います. では, ブールはどうやって証明したと思いますか？

秋介 帰納法ではないのですか？

先生 違うのです. ブールは, 項とは限らない一般の関数 $f(x)$ から出発しました. そして, なぜかテーラー展開によって無限級数に展開できると主張します. どうして展開できるかは説明がないのですが, ともかく整級数になれば, ブール環の性質 $x^n = x\ (n \geqq 1)$ を使って, 1次式 $f(x) = ax+b$ に直せます. あとは代入により係数を定めて, 式を整えれば,

$$f(x) = f(1)x+f(0)(1-x)$$

となるわけです. 多変数の式についてもいろいろ述べていますよ. 議論に少々飛躍はありますが, その分ダイナミックさが味わえます.

さくら 先生のロジックの世界は, 私の考えていたロジックよりずっと大きく思えてきたっちゃ.

先生 その気持ちで勉強を続けていただけると, 私もうれしいです. では, いよいよフレーゲに登場してもらいましょう. 彼が現代のストア派と言われる所以は, 第一に「ならば」の重視に表れています. ストア派の学者たちは決定論的な世界観を持っていて, 命題は真か偽かの値をとるものと考えたので, 2値論理を深く研究できたのです.「A ならば B」が「A でないか B」と同値になることもちゃんと認識していました. フレーゲもまた数学の推論を分析するという明確な目的を持っていたから, 2値論理に集中できたのです. 他方, ブールなどは多様な解釈を持ちうる代数として論理を扱うことに意義を感じていました. 実際, ブール代数の項を「集合」と解釈すればアリストテレスの述語論理を表現できたし, 項を「命題」と解釈すれば命題論理になります. 対して, フレーゲが求めたのは汎用性のある道具ではなく, 数学全般を厳密に議論する土台となる「ザ・論理学」でした. それは, 命題論理も述語論理も, さらに高度な仕組みも総合的に含んでいる大きな言語体系なのです.

最初の授業で「⊢」を何と読むかという質問がありましたね．この記号はフレーゲの発明の一部ですが，彼のシステム全体は回路図のようで，どこからどこまでを1つの記号と読んだらいいのかさえわからないようなものです．フレーゲの処女作の題名は『概念記法』といういかめしい訳が付けられることが多いのですが，実は『表意文字』とも訳せるのです．算術は表意文字で表現されていて，「1+2＝3」はどう読もうが意味は1つと考えられます．これは表音文字を用いる西洋の言葉より，漢字の世界に近いものですね．しかし，その証明となると(西洋の)自然言語で書かれるので意味が曖昧になる．そこで数学の論理を正確に記述する表意文字の体系を作ろうとフレーゲは企てたわけです．

美蘭 表意文字の世界が現代論理学の誕生に影響を与えていたとは意外でした．

先生 その後フレーゲの体系をさらに増強させたのがラッセルです．それはあまりに巨大で，何が証明できるのか／できないのか，矛盾しているのか／いないのかなど，見通しがとても悪くて，ヒルベルトたちはそこから命題論理や述語論理を抜き出して，再びブールのように代数的議論を始めたのです．これが，新しい論理学の始まりだと私は思います．

春太 ゲーデルの不完全性定理はヒルベルトの形式主義への反駁のようにいわれているけど，本当に否定されたのはフレーゲやラッセルのような巨艦大砲主義ということっすか？

先生 ははは．それも簡単にまとめすぎているとは思いますが，ゲーデル以降も形式主義はますます発展して，コンピュータの誕生などにもつながったことは確かだと思います.

さて，現代論理学では，連言 ∧，選言 ∨，否定 ¬，含意 →，全称 ∀，存在 ∃ という6つの論理演算がよく使われます．ほかに，同値 ↔ や唯一存在 ∃! などもありますが，それらは6つの記号から簡単に定義できます．じつは6つの記号も全部用意する必要はなく，フレーゲは →, ¬, ∀ を基本とし，ほかの3つはそれらから定義されるものとしました.

まどか フレーゲが論理記号の形を決めたんですか.

先生 いいえ，違います．それらの記号の発案者をまとめれば，こんなふうになります.

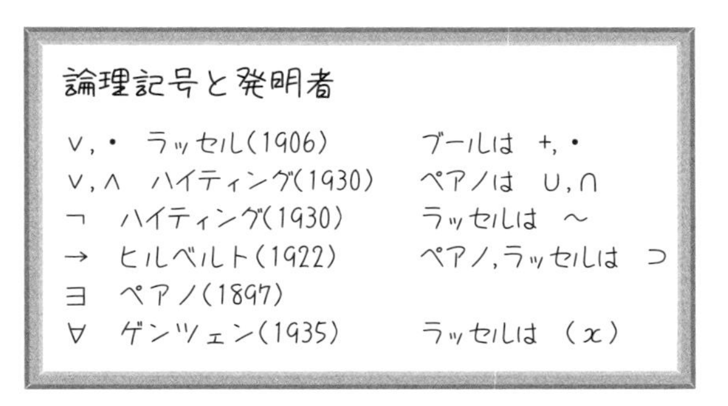

今日の講義では ∀, ∃ などを使う述語論理の話はしません．それら以外の4つの演算記号(命題論理記号)について，真理値表で説明しましょう.

命題論理の真理値表(T＝真, F＝偽)

A	B	¬A	A∧B	A∨B	A→B
T	T	F	T	T	T
T	F	F	F	T	F
F	T	T	F	T	T
F	F	T	F	F	T

T(真)とF(偽)が4行6列に並んでいますね．一番上の行は命題 A, B がともに真である場合で，このときは $\neg A$ は偽になり，$A \wedge B$, $A \vee B$, $A \to B$

は真になるという意味です．二番目は命題 A が真，B が偽である場合で，このとき $\neg A$ と $A \wedge B$ そして $A \rightarrow B$ は偽で，$A \vee B$ は真になります．あとの2行も，見ていただけばわかりますね．

さくら 命題論理の真理値表を発明したのはラッセルの弟子のウィトゲンシュタインだと，どっかで読んだけんど．

先生 同じ頃，ポストもすでに使っていましたし，**真理値関数**の考え方はクリュシッポスまで遡れますよ．ここで重要なことは，複合命題の真偽はその構成要素となる命題の真偽によって一意に決まることです．基本となる原子命題は独立に真にも偽にもなるのですが，複合命題の真偽はそうではありません．たとえば，A が真でも偽でも，$A \rightarrow A$ は常に真の値しか取りません．このようにどんな状況でも必ず真になる命題は**トートロジー**と呼ばれます．あとの議論のために，基本的定義をまとめておきましょう．お馴染みの原始再帰法が使われます．

命題，真理値関数，トートロジー

- 原子命題 $p_0, p_1, p_2 \cdots$ は命題である．A, B が命題であれば，$\neg A$，$A \wedge B$，$A \vee B$，$A \rightarrow B$ も命題である．

- 原子命題に真理値T（真），F（偽）を割り当てる関数は，真理値表に従って一般の命題に真理値を割り当てる関数 V に一意に拡張される．これは命題の構成に関する帰納法で証明される．

- どんな真理値関数 V に対しても $V(A) = \mathrm{T}$ となる命題 A を<u>トートロジー</u>といい，このとき $\models A$ と書く．

例えば，$A \rightarrow (B \rightarrow A)$ はトートロジーです．それを調べるには命題 A, B の真理値の組み合わせを全部チェックしてもいいのですが，ここでは背理法で示します．ある真理値関数 V に対し $V(A \rightarrow (B \rightarrow A)) = \mathrm{F}$ と仮定します．すると，真理値表より $V(A) = \mathrm{T}$ かつ $V(B \rightarrow A) = \mathrm{F}$ です．後者からさらに，$V(B) = \mathrm{T}$ かつ $V(A) = \mathrm{F}$ となりますが，$V(A)$ が同時に T かつ F にはなり得ないので矛盾というわけです．

次の問題を演習の時間に考えてください．

問題

次がトートロジーになることを示せ．

（1）$(A \to (B \to C)) \to ((A \to B) \to (A \to C))$

（2）$(\neg B \to \neg A) \to (A \to B)$

第2時限

命題論理の形式体系

先生 次の目標は，トートロジー全体がどんな構造をしているかを調べることです．そのためには，すべてのトートロジーを導出する形式的な仕組みがあると便利ですね．そんな仕組みはいろいろと考えられており，等式理論の証明木と類似したものもありますが，ここではフレーゲ流のものを扱います．フレーゲの記法は使いませんが，論理記号 $\to, \neg$ に基づく彼の公理系をウカシェビッチが改良したものを使って，すべてのトートロジーが導出されること(命題論理の完全性定理)を示します．

公理はたった3つで，先ほどトートロジーの例や演習問題で用いたものです．これらから別のトートロジーを生成する仕組みとして「モーダスポネンス」と呼ばれる仮言的三段論法の一種を規則に採用します．ここでは，この推論規則を簡単に「カット」と呼ぶことにします．カットを使って公理から生成される命題が「定理」です．「命題論理の形式体系」としてまとめておきましょう(次ページ上)．ここで A, B 等は任意の命題です．

秋介 どうして証明木を考えないのです？

先生「証明」となる命題の列 $A_0, A_1, \cdots, A_n$ で，どこでカットが使われたかを見やすく表すと「木」になります．ただ，1つの命題 A_i が長い文字列になることが多いので，木として書きにくいという便宜的理由からです．

さくら $A \to A$ などのもっと単純なトートロジーを公理にしておかなくていいっちゃ？　それと推論規則も，モーダストレンスとかジレンマとかなじょすっぺ？

先生 よく勉強されていますね．たしかに公理も推論規則ももっと増やした方が使

命題論理の形式体系

公理 P1：$A \to (B \to A)$

P2：$(A \to (B \to C)) \to ((A \to B) \to (A \to C))$

P3：$(\neg B \to \neg A) \to (A \to B)$

推論 カット：$\dfrac{A \quad A \to B}{B}$

命題の列 $A_0, A_1, \cdots, A_n$ が A_n の証明であるとは，各 $k \leqq n$ について，A_k は公理であるか，$i, j\ (< k)$ が存在して，$A_j = A_i \to A_k$ となる．

いやすいです．しかし，$A \to A$ は定理として得られますし，モーダストレンスなどの推論も使っていいことが証明できます．なぜ，公理や推論規則を最小限にするのかというと，トートロジー全体の性質を調べるときに，チェック項目が少ない方が便利だからです．では，まず $A \to A$ の証明を見てみましょう．

次の命題の列は $A \to A$ の証明である．

$A \to ((A \to A) \to A)$ ⇦公理 P1 ⇩公理 P2

$(A \to ((A \to A) \to A)) \to ((A \to (A \to A)) \to (A \to A))$

$(A \to (A \to A)) \to (A \to A)$ ⇦カット推論による

$A \to (A \to A)$ ⇦公理 P1

$A \to A$ ⇦カット推論による

公理 P3 の逆 $(A \to B) \to (\neg B \to \neg A)$ も証明できますが，これは演習問題にします．これがあれば，モーダストレンス，つまり $A \to B$ と $\neg B$ から $\neg A$ を導くことは簡単ですね．ジレンマについては，時間があればまた説明します．次の演習問題をやっておいてください．

問題

（1）次の証明を示せ．

ア）$\neg A \to (A \to B)$,

イ）$\neg\neg A \to A$,

ウ）P3の逆．

（2）P3をP3の逆で置き換えた形式体系ではP3が証明できないことを示せ．

演習問題を考えるのにも便利なので，証明の概念を少し拡張します．命題集合Σを公理に追加してBが導けるとき，BはΣで証明可能であるといい，$\Sigma \vdash B$と書きます．$\Sigma = \emptyset$のときは，単に$\vdash B$と書きます．

このとき，次の有用な定理が成り立ちます．

演繹定理

$\Sigma \cup \{A\} \vdash B$ならば，$\Sigma \vdash A \to B$.

どうやって証明しますか？

秋介 $\Sigma \cup \{A\}$におけるBの証明の長さに関する帰納法だと思います．BがP1, P2, P3またはΣに属するときは，明らかです．なぜなら，P1から$B \to (A \to B)$が得られ，カットを使えば$A \to B$が出せます．

先生 帰納法のステップは？

美蘭 本質的なのは，証明の最後にカットを使う場合です．つまり，$\Sigma \cup \{A\}$におけるBの証明の中に，命題Cと$C \to B$が現れる場合です．帰納法の仮定から，命題$A \to C$と$A \to (C \to B)$がいえるので，これらから$A \to B$を導けばいいのだけど…．

まどか こういう計算なら任せてよ，ミランちゃん．じゃなくてメイランさん．P2から

$$(A \to (C \to B)) \to ((A \to C) \to (A \to B)).$$

あとは，カットを2回使えばいいだけだよっ！

美蘭 あなたは計算の天才かも．

先生 共同作業がうまくいきましたね．もう1つ，演繹定理の逆も成り立つことを注意しておきます．つまり，$\Sigma \vdash A \to B$ならば$\Sigma \cup \{A\} \vdash B$はカットによって直ちに得られますね．演繹定理があると，いろいろな命題の証明がとて

も楽になりますよ．例えば，さっきの演習問題 $\vdash \neg A \to (A \to B)$ を示す場合には，$\{\neg A, A\} \vdash B$ をいえばいいのです．$\{\neg A, A\} \vdash \neg A$ だから，P1 およびカットを使って $\{\neg A, A\} \vdash \neg B \to \neg A$．P3 より $\{\neg A, A\} \vdash A \to B$．カットで $\{\neg A, A\} \vdash B$ となります．これは，矛盾($\neg A$ かつ A)から任意の命題 B が導けることを意味しています．

春太 矢 → と差し金 ¬ (L 型定規)だけで，どんな議論ができるんっすか？

先生 遅くなりましたが，ほかの論理記号は次のように定義します．

$$A \vee B \equiv (\neg A) \to B$$

$$A \wedge B \equiv \neg(A \to \neg B)$$

それから，ブール代数の定数 $0, 1$ に相当する命題 $\bot, \top$ を次のように定めましょう．

$$\top \equiv (p_0 \to p_0), \qquad \bot \equiv \neg(p_0 \to p_0)$$

すると，命題全体が，$\vee, \wedge, \neg, \bot, \top$ に関してブール代数の公理を満たすことが証明できるのです．こんな単純な公理系でも，ブール代数の議論は何でもできるのですよ．すごいと思いませんか？ 続きは，午後にしましょう．

お昼休み．この日は，5人の受講生と一緒に僕も学園の庭でお弁当を食べた．ちょっと寒かったけれどハイキング気分だ．美蘭さんはみんなにこんな話をしていた．「漢字の「美」は「大きな羊」と書くでしょ．日本で「ヒツジ」というとだいたい「綿羊」のことだけど，中国では字形の通り，2つ角があって，あご髭のある「山羊(ヤギ)」の方がヒツジらしい動物なのよ．」「んだ．うちにある十二支の浮世絵

の羊もヤギだっちゃ.」と話す. さくらさんの本を狙って一匹のヤギが近寄ってきた. ラッセルの『幸福論』らしい. さくらさんが「ヤギも幸せになりたいっちゃ.」とはにかむと, 春太さんは「そんなわけないっしょ. サクラッチももっと外の世界に目を向けた方が幸せになれるぜぇ.」とツッコミを入れた. さくらさんは急に腰を上げ「視野を広げ, 自己中心的な情熱を避けるために読んでいるのっしゃ.」と宣(の)べた. 秋介さんはそんな雑談に気をとられることもなく, 大きなボトルに入った怪しい液体を一気に飲むと, 腕立てを始めた.

第3時限

命題論理の完全性定理

先生 最初にブール代数と命題論理の関係について少し話しましょう.

ブール代数で扱うのは等式 $s = t$ でしたが, これは $(s \to t) \wedge (t \to s)$ のように命題に直すことができます. 逆に, 命題 A は含意 $\to$ を $\neg$ と $\vee$ で置き換えた上で, $A = 1$ というブール式で表せます. すると, 命題論理と等式理論 BA の間では式の相互翻訳ができて, 定理は定理に対応します.

では, いよいよ命題論理の完全性定理です. まず, 関係 $\vdash$ に合わせて, $\models$ も一般化します. つまり, Σ の命題すべてに値 T を割り当てる任意の真理値関数が命題 A に値 T を割り当てるとき, $\Sigma \models A$ と書いて, A は Σ の**トートロジー的帰結**であるといいます. $\Sigma = \emptyset$ の場合が, ふつうのトートロジーです. ここで示したのは次のような主張です.

完全性定理

$\Sigma \vdash A \Longleftrightarrow \Sigma \models A.$

まどか 命題論理とブール代数は相互に翻訳できるのだから, ブール代数の完全性定理を使ってこれを導くことはできないのかなと思ってしまうのでした.

先生 いい質問ですねぇ. 2つの完全性定理に関連はあるのですが, そんなにうまくはいかないのですよ. その理由はこれから説明します.

まず, $\Sigma \vdash A \Rightarrow \Sigma \models A$ は健全性定理にあたるもので, 証明も等式理論の場合に似ています. V を Σ のすべての命題に値 T を割り当てる任意の真理値関数とします. 3つの論理公理 P について $V(P) = \mathrm{T}$ となることは演習問題にもなっていますが，すでにわかっているものとします．カット規則について $V(B) = \mathrm{T}$ かつ $V(B \to C) = \mathrm{T}$ のとき，$V(C) = \mathrm{T}$ となることも容易にわかります．従って，Σ における A の証明に現れる命題すべてに値 T が割り当てられ，とくに $V(A) = \mathrm{T}$ となるのです．

問題は逆向きの証明で，対偶を用いるところまでは等式理論のときと同じです．つまり，命題 A が Σ における定理でないとし，Σ のすべての命題に値 T を割り当て，A に値 F を割り当てる真理値関数が存在することを示します．等式理論ではどうしましたか？

美蘭 いくつかの変数を定数とみなし，それらから生成される自由代数を考えると，その言語において証明できない等式はみんな成り立たないようにできました．でも，命題論理では，証明できないものをみんな一度に偽にすることはできない…と思います．

先生 その通り．自由ブール代数は，標準形の項の集合と考えられました．このとき，トートロジーに対応する標準形はすべての基本積の和になり，トートロジーでなければその標準形には抜けている基本積があるのです．他方，命題論理の真理値関数は原子命題への真偽値の割り当てで決まりますから，原子命題を変数とみれば一種の基本積とみなせるでしょう．というと，簡単に作れそうですが，それが思いの外難しく，少々準備が必要です．

お昼前に定義した $\perp \equiv \neg(p_0 \to p_0)$ は偽 F を表す命題ですが，「矛盾」とも呼ばれます．命題の集合 Σ から $\perp$ が証明されるとき，Σ は**矛盾する**といいます．そうでないとき，Σ は**無矛盾である**といいます．いま，S と $(\neg S) \to \perp$ が同値になることに注目し，演繹定理を用いれば次の補題 1 は簡単に証明できます．

補題 1

$\Sigma \cup \{\neg S\}$ が矛盾する $\Longleftrightarrow \Sigma \vdash S$.

それから，次の補題の対偶を考えると，ある S に対して，$\Sigma \cup \{S\}$ と $\Sigma \cup \{\neg S\}$ の両方が矛盾しているとすれば，Σ から $\neg S$ と S の両方が導け，Σ は矛盾しています．従って，次がいえます．

補題2

Σ が無矛盾であれば，任意の S に対し，$\Sigma \cup \{S\}$ か $\Sigma \cup \{\neg S\}$ の少なくとも一方は無矛盾である．

真理値関数 V を定義することは，集合 $\{S : V(S) = \mathrm{T}\}$ を構成することにほかならず，とくに我々がほしいのは $\Sigma \cup \{\neg A\}$ を含む極大無矛盾集合になります．実際，極大無矛盾であれば，任意の S に対し S か $\neg S$ かのちょうど1つがこの集合に属し，また $B \to C$ が属するなら $\neg B$ か C の少なくとも一方が属することがいえるので，それから真理値関数が定まるのです．その作り方を述べるとこんなふうです．

$\Sigma \vdash A \Leftarrow \Sigma \models A$ の証明

命題 A が Σ の定理でないとし，無矛盾な集合 $\Sigma_0 = \Sigma \cup \{\neg A\}$ を定める．すべての命題を並べて，$A_0, A_1, A_2, \cdots$ とする．

無矛盾な集合の無限増加列 $\Sigma_0 \subseteqq \Sigma_1 \subseteqq \Sigma_2 \subseteqq \cdots$ を次のように定める．

任意の $n \geqq 0$ に対して，$\Sigma_n \cup \{A_n\}$ が無矛盾なら，$\Sigma_{n+1} = \Sigma_n \cup \{A_n\}$ とおき，そうでなければ $\Sigma_{n+1} = \Sigma_n \cup \{\neg A_n\}$ とおく．すると $\Sigma = \bigcup_n \Sigma_n$ は極大な無矛盾集合となる．すなわち，任意の n に対し $A_n \in \Sigma$ か $\neg A_n \in \Sigma$ のちょうど一つが成り立つ．そこで，関数 V を $V(A_n) = \mathrm{T} \Leftrightarrow A_n \in \Sigma$ で定義すれば極大無矛盾性より真理値関数になることがわかり，よって $\Sigma \not\models A$ である．

ということで，完全性定理は証明できましたが，等式理論の完全性定理の証明とは随分感じが違うでしょう．

最後に，完全性定理の応用として，次の定理を証明しておきましょう．

コンパクト性定理

命題の集合 Σ の任意の有限部分集合に対し，その要素すべてに値 T を割り当てる真理値関数が存在するならば，Σ の命題すべてに値 T を割り当てる真理値関数が存在する．

これはやはり対偶で示します．Σ の命題すべてに値 T を割り当てる真理値関数は存在しないとします．この仮定のもとでは，どんな命題も Σ のトートロジー的帰結になり，特に $\Sigma \models \bot$ です．したがって，完全性定理により $\Sigma \vdash \bot$ を得ます．$\bot$ の「証明」は Σ の有限個の命題で構成されているので，Σ のある有限集合 Σ' が存在して，$\Sigma' \vdash \bot$．再び，完全性定理により $\Sigma' \models \bot$．$\bot$ に値 T を割り当てる真理値関数は存在しないので，Σ' の命題すべてに値 T を割り当てる真理値関数も存在しません．つまり，定理の前提が否定されました．

秋介 この定理は，位相空間のコンパクト性と関係あるのでしょうか．

先生 まさにそのものです．これはカントル空間 $\{0,1\}^{\mathbb{N}}$ がコンパクトであるという主張にほかならないのです．原子命題 $p_0, p_1, \cdots$ に真理値 T, F を割り当てる関数 V は，$V(p_i) = T \Longleftrightarrow x(i) = 1$ によって $\{0,1\}^{\mathbb{N}}$ の点 x に一意に対応します．V によって任意の命題の真理値も決まりますので，逆にある命題 A に真理値 T を割り当てる関数全体を考えると，それに対応する $\{0,1\}^{\mathbb{N}}$ の部分集合 C_A は閉(かつ開)集合になります．なぜなら，C_A に属するか否かは，A に含まれる有限個の原子命題のみに依存しているからです．

さて，Σ の命題すべてに値 T を割り当てる真理値関数 V が存在することは，$\bigcap\{C_A : A \in \Sigma\} \neq \emptyset$ で表わせます．したがって，$\{0,1\}^{\mathbb{N}}$ のコンパクト性から，これは任意の有限な $\Sigma' \subseteqq \Sigma$ に対して $\bigcap\{C_A : A \in \Sigma'\} \neq \emptyset$ と同値になります．これで，コンパクト性定理が証明できました．

コンパクト性定理とカントル空間 $\mathcal{X}=\{0,1\}^{\mathbb{N}}$

二進無限列 x, y の距離を次で定める.

$$d(x,y)=2^{-\min\{i:x(i)\neq y(i)\}}\quad(x\neq y\text{ のとき})$$
$$=0\quad(x=y\text{ のとき})$$

原子命題 $p_0, p_1, p_2, \cdots$ に真理値T, F を割り当てる関数は(一般の真理値関数も) $\{0,1\}^{\mathbb{N}}$ の点と考えられる. 命題 A に真理値 T を割り当てる関数全体を C_A とおく. A に含まれる原子命題が有限個しかないことから, C_A は $\mathcal{X}$ の閉(かつ開)集合である. Σ の命題すべてを真にする真理値関数が存在するのは $\cap\{C_A: A\in\Sigma\}$ が空でないことである. Σ の任意有限部分集合でこれが空でなければ Σ でも空でないことは, $\mathcal{X}$ がコンパクトということ.

美蘭 最初に本でコンパクト性定理を読んだときには気づきませんでしたが, 完全性定理の証明も位相空間のコンパクト性の議論に似ています. たぶんコンパクト性から完全性定理が導かれると思うのですが, どうでしょうか?

先生 追加公理 Σ がない場合や有限の場合に完全性定理を証明しておいて, コンパクト性を用いて任意の Σ に一般化することはできますね. 証明が似ているという感覚はとても重要で, この場合どちらにも「ケーニヒの補題」が潜んでいるのです. このように隠れた原理を掘り出す研究を, 先輩の学園生たちがいま一所懸命やっています. 皆さんも, 早く一緒に研究できるようになるといいですね.

演習：ジレンマ

3月2日の演習はこんな雑談で始まった．

レオ 先生やさくらさんが授業中に使っていた，ジレンマという言葉，知ってるかい？

秋介 最近，『ビューティフル・マインド』や『ダ・ヴィンチ・コード』など数学っぽい映画が当たっているロン・ハワード監督の新作の原題が，確か『ザ・ジレンマ』だったと思いましたが….

レオ お，よくご存じですね．でも，あれは残念な作品なので置いておいて，ジレンマの意味は？

まどか 心の葛藤かなぁ．でも，葛藤って何だろう．

レオ 本来ジレンマはストア派の正しい推論法だよ．ねっ，さくらさん．

さくら はい．ジレンマは，両刀論法とも言われ，2つの仮言的大前提「A ならば C」と「B ならば C」および選言的小前提「A または B」から，結論「C」を導くものだっちゃ．2つの前提(レンマ)という意味でジレンマなのしゃ．また，ストア派の選言は通常排他的だから，B は $\neg A$ と考えてもいいっちゃ．

春太 すごっ！ サクラッチはストイック・クリボッチの子孫に違いないっす．で

も，ストア軍団じゃあ，中国の墨家より地味で映画化絶対無理っすね．

秋介 そうかな．漱石の『吾輩は猫である』にはクリュシッポスが笑い死にした話が書かれていたし，別の本には強い酒を飲みすぎて死んだという逸話もあった．彼はストア派の領袖とはいえ，相当破天荒な人なんじゃないかな．

レオ みんな，クリュシッポス作と言われる**人喰いワニのパラドクス**は知っているよね．「俺がすることを当てたら，子供を返す」とワニに言われた父親が，「子供を返さないでしょう」と答えたという話だけど．

春太 ワニが子供を返さないと，ワニの行動を当てたことになり，ワニは子供を返さないといけないっす．

レオ ワニがジレンマでこう主張したら？「お前の言葉が当たっているなら，その通り子供を返さない．お前の言葉が外れていれば，子供を返す必要はない．つまり，子供は返さない．」 すると，父親もジレンマでこう対抗できる．「私の言葉が正しければ，約束にしたがって子供を返さなければならない．私の言葉が正しくなければ，あなたは子供を返す意思があることになる．つまり，子供を返さなければならない．」 相反する結論が得られたのは，ジレンマに欠陥があるからだろうか？

春太 クリボッチは，人を食った爺さんっすね．

さくら いえ，どちらのジレンマも正しくて，問題は行動を当てるということの曖昧さにあると思うんださ．

春太 爺さん，じつはワニに喰われたんじゃないっすかね．

秋介 爺さんの霊がさくらさんにとりつくという映画を作ったらどうかなぁ．

さくら ほでなす(ばか)．秋介さんまで，なぬっしゃや！(何なのよ)

レオ Não se preocupe（ナオン・セ・プレオクピ）！(気にしちゃダメ)　じゃあ，演習問題に入ろうか．トートロジーであることを示すには，与えられた式に含まれる基本命題(A, B など)に，真か偽をあらゆる組み合わせで代入し，全体が常に真になることを調べればいい．でも，真偽のすべての組み合わせを調べるとなると多くの計算が必要になるから，やはり先生が授業中にやったように背理法を使うのが良いと思うよ．秋介さん，やってくれませんか？

問題．トートロジーになることを示せ．
(1) $(A\to(B\to C))\to((A\to B)\to(A\to C))$
(2) $(\neg B\to\neg A)\to(A\to B)$

秋介

(1) 背理法で示す．ある真理値関数Vに対しFの値をとるとする．このとき，(*) $V(A\to(B\to C))=T$，および(**) $V((A\to B)\to(A\to C))=F$．
(**)から$V(A\to B)=T$と$V(A\to C)=F$を得る．
後者から$V(A)=T$, $V(C)=F$．さらに$V(A\to B)=T$であるためには，$V(B)=T$．したがって，$V(B\to C)=F$．よって $V(A\to(B\to C))=F$．
これは(*)に矛盾する．
(2) $A\to B$と$\neg A\vee B$の真理値は常に一致しており，$\neg B\to\neg A$も$\neg\neg B\vee\neg A$つまり$\neg A\vee B$の真理値と一致するので，両者の値は等しい．
したがって，$(\neg B\to\neg A)\to(A\to B)$はトートロジー．

レオ Good job!　次の問題はもう少し巧妙な手法が必要になるよ．最初に，形式体系を復習しておこう．

公理　P1：$A\to(B\to A)$
　　　P2：$(A\to(B\to C))\to((A\to B)\to(A\to C))$
　　　P3：$(\neg B\to\neg A)\to(A\to B)$

推論　カット：$\dfrac{A \quad A\to B}{B}$

演習問題は，(1) ア) $\neg A\to(A\to B)$，イ) $\neg\neg A\to A$，ウ) P3の逆を証明することと，(2) P3をその逆で置き換えた形式体系ではP3が証明できないことを示すことだった．

美蘭 私は，(1)のような機械的証明は苦手．授業でやった$A\to A$の証明も正しいことはわかるけど，何をしているかイメージできません．(2)なら，何とかなりそうですが⋯．

まどか 私，前半はできるかも．一緒にやろうよ，ミランちゃん．工和(ガンホー)！

まどか
　ア）最初に⊢Dならば，任意のCに対し⊢C→Dとなることを確認．（公理P1：D→(C→D)とカットより） P3：(¬B→¬A)→(A→B)と上のことから，
⊢¬A→((¬B→¬A)→(A→B))　　(*)
P2と(*)からカットによって，
⊢(¬A→(¬B→¬A))→(¬A→(A→B))　(**)
P1と(**)からカットによって，⊢¬A→(A→B)．
　イ）⊢¬A→(A→B)において，Aに¬Aを，Bに¬¬¬Aを代入すると，⊢¬¬A→(¬A→¬¬¬A)．
P3から⊢(¬A→¬¬¬A)→(¬¬A→A)で上と同様に⊢(¬¬A→(¬A→¬¬¬A))→(¬¬A→(¬¬A→A))．
上の2式とカットより⊢¬¬A→(¬¬A→A)．
再びP2等から⊢(¬¬A→¬¬A)→(¬¬A→A)．
⊢¬¬A→¬¬Aとカットで⊢¬¬A→A．

美蘭 まどかさんの頭の中はどうなっているのかしら．

まどか 考えないで感じてるだけだよっ！

美蘭 $\vdash A \to \neg\neg A$ はどうするの？

まどか イ)から $\vdash \neg\neg\neg A \to \neg A$ でしょ．あと P3.

美蘭 じゃあ P3 の逆は $(A \to B) \to (\neg\neg A \to \neg\neg B)$ と P3 から明らかね．

まどか (2)は手も足もしっぽも出ないよ．

秋介 しっぽが出たらすごいな．

美蘭 変更した体系で証明される命題に 1 を割り当て，P3 に 0 を割り当てるような変則的な真理値関数を作ればいいんじゃないかしら．$A \to B$ は，通常通り A が 0 か B が 1 のときに 1 とすれば，P1, P2 が 1 であることは変わらないし，カットで真理値 1 が保たれる．あとは，A の値によらず，$\neg A$ の値を 1 とすれば，P3 の逆は常に 1 で，P3 は 0 にもなる(A が 1，B が 0 のとき)．

まどか どこからそういうアイデアが浮かぶの！ ミランちゃんの言う通りに遠くの月を見る練習していても，私には全然思いつかないよ．

レオ 最強のふたりだね．

1階論理

この日も朝早めに学園に来てみた．やはり，さくらさんが一人でノートに向かっている．ひょっとして僕を待っていたのだろうか．しかし，振り向いた彼女に前日の明るさはなかった．

さくら 私，何勉強したかったのかな．レオさん，なじょしてロジックを始めたのすか？　その気持ちずっと続いてんのすかや？　教えてけさいん．

レオ Deixe-me ver（デイシ・ミ・ヴェール）…（ええっと）．ブラジルで日系人というと，数学が得意で，いつも理性的に考えているように見られるんだけど，本当にそうかなとずっと疑問だった．例えば，ユークリッド幾何のような議論の仕方を日本人は好きだろうか？　平均的な西洋人もそれが好きとはいえないかもしれないけれど，総じてある種の敬意を払っていると思う．現代でも正しい考え方や正しい文書のお手本になっているんじゃないかな．ブラジルはポルトガルの植民地から始まったけど，リオがポルトガル連合国の首都だった時期もあるから，まあ西洋文化の国だよ．しかし，日本ではユークリッドのような論理的思考はほとんど文化に浸透していないと思うんだ．日本でそのリスペクトに比敵するものは…，万葉集かな．でも，僕は和歌とか全然苦手だよ．現代の日本人も大概理解できないと思うんだけど，それでもなんか敬愛らしいものを持っているよね．僕はそれがないから，日本に来てちょっと違和感があった．で，あるとき日本でロジックを研究している人たちがいることを知り，興味半分でこの学園を覗いてみたんだ．そして，先生の話を聞いていたら，なんていうか自分の感覚にぴったりあってたわけさ．でも，ロジックを一生の仕事にしようなんてまだ考えていないよ．ほかにも面白いことはありそうだし．研究で飯を食おうと思ったら，修行僧みたいになっちゃうものね．ロジックに対する思いはいい意味でも悪い意味でも変わっていないよ．

さくら んだなやあ(わかるわ)．私は，ロジックは学問らしい学問で，現実社会に媚びない理想が魅力だと思ったのっしゃ．でも，この三日間の勉強だけでも，どんなロジックも世の中と深層でつながっていることがわがってきてさぁ．ちょっと重たくなったっちゃ．このまま続けられるかなって思っだりして….おしょすいごだ(はずかしいですね)．

レオ 先生との質疑応答など聞いていたら，さくらさんがここに一番相応しい人に思えたけどな．

さくら 数学の知識も足りねぇからっしゃ….

バスが着いたらしい．美蘭を先頭に，まどか，春太，秋介が入ってきた．

美蘭 レオさん，お早うございます．

まどか さくらちゃん，おっはー！

春太 今日はサクラッチと朝練すっかな～．

秋介 もう無理さ．すぐに授業が始まると思うよ．

レオ みんな，木曜はペリパトスの日だから，ホールに集合だよ．アリストテレスが歩廊を歩きながら講義したのにあやかって，先生が裏庭などを歩きながら講義するんだ．朝の運動を兼ねた先生の趣味だね．

第1時限

ペリパトスの朝

先生 おはようございます．木曜の朝は，開放的な気分で話し合いができるように，教室から出て歩きながら授業をするのがここの慣習です．アリストテレスがよく歩きながら講義したので，彼と門弟たちはペリパトス派，日本語で逍遥(しょうよう)学派と呼ばれていますね．それを真似てみたわけです．ストア派のさくらさんには申し訳ないけれど．

春太 ペリパトスが逍遥だったら，ストアは我慢とかいう意味っすかね？

先生 ストアというのはアゴラの柱廊のことで，ストア派の祖ゼノンが，トロイア陥落などの絵を展示した柱廊の前で講義を始めたことからそう呼ばれるようになったそうです．ちなみに，この人はパラドクス専門家のゼノンとは別人ですよ．

さくら アリストテレスが紀元前350年くらい，クリュシッポスが前250年くらいで，ユークリッドやゼノンはその真ん中くらいでねぇすか．とすると，ユークリッドの『原論』は論理学の発展と相互に影響しあったと思うんだけんども，ちがうのっしゃ？

先生 いい質問ですが，正直なところ私にもわかりません．『原論』の方法論は，アリストテレスの唱える公理論の考えとだいたい合致していますが，三段論法など形式論理には触れていませんね．実際のところ，ユークリッドの証明は大部分が仮言三段論法で構成されているわけですが，そのことをアリストテレスの弟子やストア派の人たちが認識していたかどうかを知る資料もありません．そもそもストア派については一次資料がほとんど残っていません．いや，アリストテレスにしても 12 世紀前半までの西欧にはほんの一部の資料しか伝えられていなかったのです．アリストテレスの書物を大切に保管し研究してきたのはイスラムだったのですが，それでも散逸したものは多いようです．

美蘭 12 世紀の十字軍のイスラム征服で，アリストテレスが西欧キリスト教圏に取り入れられたということでしょうか？

先生 直接的にはそうです．その後 13 世紀にトマス・アクィナスがアリストテレスとキリスト教を合体させ，パリ大学やオックスフォード大学といった大学機関での研究が発展していきます．でも，その前に忘れてならないのがアベラールですね．彼は新しいアリストテレスの知識は持っていなかったのですが，それ以前の論理学の知識を総括することで，新しい時代を準備した風雲児でした．

秋介 アベラールというのはエロイーズ事件で有名な人ですか？

先生 そうです．まだ大学のない時代，自ら学園を創設して多くの学生を集め，一世を風靡した人気教師でした．もちろん論理学のね．

秋介 教え子エロイーズと淫らな関係になり，彼女の親族に怒られて去勢されるという結末でしたよね．

先生 結末ではないですよ．その後も二人は文通して励まし合う．アベラールは論理学者から神学者に変身していきます．二人の書簡集は愛と修道に関する心の葛藤を赤裸々に描き出した名作ですね．

まどか アベラールさんは女の子になったんで，エロイーズちゃんともっと仲良くなれたんだよね．

レオ 斬新な解釈だね．二人の書簡集はいろいろリメイクもされていて，『ポルトガル尼僧の手紙』やルソーの『新エロイーズ』なども西洋文学としてとても有名だよ．僕はあまり興味ないけど．

先生 12世紀は西欧の商業化・都市化が進み，イスラム文化との衝突などもあって，時代に合った聖書の解釈が求められました．どう解釈するかはロジックの問題だったのです．アベラールはエロイーズへの最後の手紙(第12書簡)に，「信仰とアリトテレスが矛盾するなら，アリストテレスを捨てる」と書いたけれど，世の中が新しいロジックを求める勢いはどんどん強くなっていきました．じつは，アベラールの頃まで論理学は「ディアレクティケー」と呼ばれていて，その後「ロジック」になります．これは，対人から対神への視点移動によるパラダイムシフトといえるでしょう．

さくら つうと，なんだか現代ロジックの誕生と似ているように思うっちゃ．19世紀後半に非ユークリッド幾何などが出てきて，数学の解釈の問題から数学基礎論が起こり，それと連動して現代ロジックが誕生すたのっしゃね．

先生 そう．ロジックは，その時代の一番根本的な問題に向き合いながら発展してきたのですね．

春太 何だかよくわからんけど，スゴイっすね．

美蘭 私ももっと勉強しなくちゃ．

先生 話を19世紀の現代ロジック黎明期に移すと，ブールが定言三段論法を記号代数として扱う少し前に，ド・モルガンが三段論法の数量化を試みています．ブールほど深い考察は展開していませんが，述語論理の萌芽を含んでおり，フレーゲと独立に「量化詞(quantifier)」を考察したパースは，その発見をド・モルガンに負うとしています．この時代はほかにも，ヴェン図の発明者ヴェンや,『不思議の国のアリス』の作者ドジソン(筆名ルイス・キャロル)ら多彩な数理論理学者が，ある種の量化概念を研究しています．しかし，数学の議論全体を述語論理で形式化しようとしたフレーゲの計画は，それらと一線を画する気宇壮大なものでした．ここからは，次の時間に教室で話しましょう．

第2時限

述語論理から1階論理へ

先生 フレーゲは数学の議論を形式的に記述するために述語論理を創出しました．フレーゲの論理というと，量化詞にばかり目が行きがちですが，じつは $x = y \to y = x$ のような数学の仮言命題を形式的に記述できるようにしたことが最大の功績だと思います．量化詞についていえば，フレーゲにおいては解釈の範囲(universe)が明確ではないことから矛盾を孕んでおり，パース，シュレーダー，レーベンハイムらの代数的扱いの方が優位な点もあります．こうした研究を総合的に踏まえ，フレーゲの述語論理から1階論理を抜き出したのがヒルベルトなのです．

1階論理は，簡単にいうと，「等式理論＋命題論理＋量化詞」です．量化詞を表わす演算子(量化子)には現代数学ではお馴染みの $\forall x$ や $\exists y$ のような記号が用いられます．ヒルベルトは1階論理の証明体系を定義し，その証明可能性とモデルにおける恒真性が一致するかという問題を提起しました．それを肯定的に解いたのがゲーデルで，後のヘンキンの改良を伴い，今日**ゲーデル-ヘンキンの完全性定理**と呼ばれます．

1階論理はある特定の構造を記述するためのもので，**構造**というのは演算や関係がその上に定義された集合のことです．例えば，$\mathbb{R}$ を実数全体の集合とし，$+$ をその上の加法演算，$-$ をマイナス演算，0を単位元として $R = (\mathbb{R}, +, -, 0)$ のような組が1つの構造で，群と呼ばれることはご存知ですね．では，これから0を除いて，$R' = (\mathbb{R}, +, -)$ という構造を考えてください．R' は群ではなくなってしまうでしょうか？

春太 そりゃあ，単位元がなきゃ，群とは言えないっしょ．

秋介 集合 $\mathbb{R}$ は変わらないから，単位元がなくなったわけではないですよ．構造として表に明示されなくなったということでしょう．

先生 その通り．存在することと，名前があることは別なのです．でも，記号なしには何も語れませんから，最初に必要な記号を用意しておいて，次にそれらが構造上で何を表すかを定めるというのが現代ロジックの方法です．ヒルベルト曰く「初めに記号ありき」．

使用する関数記号 f と関係記号 R の集合を**言語**といいます．そして，空でない集合 A の上で，これらの記号に解釈 $\mathrm{f}^{\mathscr{A}}, \mathrm{R}^{\mathscr{A}}$ を与えるものが**構造**で，しばしば

$$\mathscr{A} = (A, \mathrm{f}^{\mathscr{A}}, \cdots, \mathrm{R}^{\mathscr{A}}, \cdots)$$

と記します．土台の集合 A は構造 $\mathscr{A}$ の**領域**と呼ばれますが，私たちも数学の慣習に従って A と構造 $\mathscr{A}$ をしばしば同一視します．また，引数(入力変数)なしの関数記号を**定数**と呼び，(構造上の)その値 $a \in A$ と同一視します．引数なしの関係記号は，真理値定数 T または F とみなすことができます．

例えば，$R = (\mathbb{R}, 0, 1, +, \cdot, <)$ は，言語 $\{0, 1, +, \cdot, <\}$ の構造ですが，各記号 s の解釈 s^R も s と書いています．

美蘭 そんなに同一視したり，区別しなかったりしたりしたら，誤解は生じませんか？

まどか 簡略化しないで，全部きちんと書いたらどうかなって….

先生 たしかにそうですね．でも，最初に導入した記法を維持したまま先に進むと，その場その場の要点が摑みにくくなってしまいます．つまり，速度に合わせてギヤを切り替える必要があるのです．記号の扱いについて疑問が生じたときには遠慮なく質問してください．

言語が与えられたら，次は項の定義ですが，これは等式理論とまったく同じです．つまり**項**は，変数と関数記号を結合した記号列です．等式理論では等式だけが真偽の値を持つ表現でしたが，1階論理の表現はもっと豊かです．n 項関係記号 R があれば，これに項 $t_1, \cdots, t_n$ を適用した $\mathrm{R}(t_1, \cdots, t_n)$ のような表現が作れます．よく使う関係記号 R は不等号 $<$ と要素関係 $\in$ で，この場合は通常通り $t_1 < t_2$ や $t_1 \in t_2$ と書きます．等式とこの形の式を合わせて**原子式**と呼びます．そして，原子式を，命題結合記号 $\neg, \wedge, \vee, \rightarrow$ と，量化記号 $\forall, \exists$ でつないでできるのが1階論理で扱う**論理式**になります．

数学の主張は大体1階論理で表現できます．1つ例を考えてみましょう．言語 $\{0, 1, +, \cdot, <\}$ における自然数の構造 $\mathbb{N}$ を考えて，“x は素数である”という意味の論理式 $\varphi(x)$ を作ってみてください．

秋介 こんなふうに表せばいいでしょうか.

$$\forall y \forall z(x = y \cdot z \to (y = 1 \vee z = 1)) \wedge 1 < x.$$

先生 完璧です.「x の約数は1かそれ自身しかない」ということが，2つの変数 y, z の導入によってうまく表されています．これらの変数は論理式の内部で量化記号 $\forall$ と関連付けて使用されていて，**束縛**変数と呼ばれます．他方，変数 x は外から別の項や値が代入できるという意味で**自由**です．自由変数のない論理式は**文**または**命題**と呼ばれます.

もう少し練習問題を出しておきましょう.

問題

（1） 実数の構造 $(\mathbb{R}, <, f)$ の上で，"関数 $f(x)$ は $x = a$ で連続である" を表す論理式を作れ.

（2） 構造 $(\mathbb{R}, <, f)$ の上で，"$f(x)$ は $x = a$ で微分可能である" を表す論理式がないことを示せ.

美蘭 論理式で表現できないことをどうやって示すのでしょうか…．何かヒントをいただけませんか？

先生 論理式の真理値は同型で保存されるので，微分可能性を保存しないような f をもつ構造とその同型を考えてください.

春太 (1)は楽勝．(2)は完敗っすね．ヒントのほうが難しい.

先生 さて，構造 A が与えられたとき，それに関する文の "真偽" は一意的に決まります．そして，文 φ が構造 A で**真**であるとき，$A \vDash \varphi$ と書きます．真偽の定義は直観的に明らかですが，文の構成に関する帰納法で厳密に定めるのが，タルスキ流(真理条項)です．まず，変数を含まない項は A の元を唯一つその値に持つことがいえるので，変数を含まない原子式の真偽は明白です．次に，命題結合記号に関しては，命題論理と同じ真理値関数によって定めます．残りは，量化記号 $\forall, \exists$ の場合で，これを扱うのに少し準備が必要です.

最初に，構造 A の各要素 a に対する名前(定数) c_a を用意して，言語を拡大します．定数 c_a の解釈を a と定めることで，もとの言語における構造は自然に拡大言語における構造ともみなせますので，両者を区別せずに，また c_a を単に a で表します．その上で，

$$A \vDash \forall x \varphi(x) \Longleftrightarrow \text{すべての } a \text{ について，} A \vDash \varphi(a)$$

$$A \vDash \exists x\varphi(x) \Longleftrightarrow \text{ある}\ a\ \text{が存在し，}\ A \vDash \varphi(a)$$

と定めます．

自由変数 $x_1, \cdots, x_n$ を含む論理式 φ に対しては，$\forall x_1 \cdots \forall x_n \varphi$ が真であるときに φ は**真**であるといいます．文の集合 T は**理論**とも呼ばれ，そのすべての文が構造 A で真であるとき，A は T の**モデル**であるといって，$A \vDash T$ と書きます．そして，T の任意のモデル A において，$A \vDash \varphi$ となるとき，$T \vDash \varphi$ と書きます．以上の要点をまとめておきます．

> 言語は，関数と関係の記号リスト
> $(f_0, f_1, \cdots, R_0, R_1, \cdots)$
> 引数なしの関数は定数，引数なしの関係は真理値
>
> 構造は，集合Aと，その上の関数と関係の記号の解釈 $(f_0^A, f_1^A, \cdots, R_0^A, R_1^A, \cdots)$ の組
> 構造とその土台の集合はしばしば同じ文字で表す
>
> 構造Aが，理論Tの文をすべて成り立たせるとき $A \vDash T$ と書き，AはTのモデルという．Tの任意のモデルが φ を成り立たせるとき，$T \vDash \varphi$ と書く．

どのような φ が $T \vDash \varphi$ を満たすでしょうか？　結論からいえば，$T \vDash \varphi$ の関係は，命題論理の場合と同様に，形式的演繹体系として捉えることができます(次ページ上)．

命題論理のときと同じく，T における φ の証明があるとき，$T \vdash \varphi$ と書きます．また同じく，$\varphi \wedge \psi$ は $\neg(\varphi \to \neg\psi)$ で，$\varphi \vee \psi$ は $\neg\varphi \to \psi$ で定義されます．さらに，$\exists x\varphi$ は $\neg\forall x\neg\varphi$ で定義されます．

次の2つの定理は，命題論理と同様に証明されます．

健全性定理

$T \vdash \varphi$ ならば $T \vDash \varphi$.

1 階論理の形式体系

公理　命題論理の公理 P1, P2, P3
P4 : $\forall x\varphi(x) \to \varphi(t)$　P5 : $x = x$
P6 : $x = y \to (\varphi(x) \to \varphi(y))$

推論　カット : $\dfrac{\varphi \quad \varphi \to \psi}{\psi}$　全称化 : $\dfrac{\psi \to \theta(x)}{\psi \to \forall x\theta(x)}$
ただしψはxを自由に含まない

文の列 $\varphi_0, \varphi_1, \cdots, \varphi_n$ が理論 T における φ_n の証明とは，各 $k \leqq n$ について，φ_k は公理か T に属するか，$i, j\ (<k)$ が存在して，$\varphi_j = \varphi_i \to \varphi_k$ となるか，$i\ (<k)$ が存在して，$\varphi_i = \psi \to \theta(x)$ かつ，$\varphi_k = \psi \to \forall x\theta(x)$ となることである．

演繹定理

$T \cup \{\varphi\} \vdash \psi$ ならば，$T \vdash \varphi \to \psi$.

私たちが証明したいのは $T \vdash \varphi \Longleftrightarrow T \vDash \varphi$ ですが，これは単純に命題論理と同様というわけにはいきませんね．説明は，次の時間にしましょう．

第3時限

完全性定理と応用

美蘭 前の授業で，1 階論理は「等式理論＋命題論理＋量化詞」だという説明がありました．だとすれば，1 階論理の完全性定理の証明は，命題論理の完全性定理だけでなく，等式理論の完全性定理を合わせて，さらに量化詞の扱いを追加すればいいような気がします．命題論理の完全性定理では命題の集合をいっぱいふくらませ，等式理論の完全性定理では項の集合をいっぱいふくらませてモデルを作りました．それらを合わせれば 1 階論理のモデルが作れそうな気がしますが….

先生 ご明察．実際，そうなっているのですよ．そういう視点で見ていただければ，これからの話はわかりやすいと思います．

最初に，1 階論理において「矛盾」を表す命題 $\perp$ を $\neg\forall x(x = x)$ と定め，

T から $\perp$ が証明されるとき，T は**矛盾する**といい，そうでないとき T は**無矛盾である**といいます．すると，命題論理の場合と同様に演繹定理を使って次が証明できます．

補題1

T が無矛盾であれば，任意の文 σ に対し，$T \cup \{\sigma\}$ か $T \cup \{\neg\sigma\}$ の少なくとも一方は無矛盾である．

これにより極大無矛盾集合を構成することが可能になります(授業3日目第3時限(53ページ)を参照)．

他方，等式理論の完全性定理の証明に使われた技法を1階論理に直したのが，次の補題です．

補題2

理論 $T \cup \{\exists x \phi(x)\}$ が無矛盾であるとき，新しい定数 c を用意して $T \cup \{\phi(c)\}$ も無矛盾である．この c を**ヘンキンの定数**といいます．

$T \cup \{\exists x \phi(x)\}$ が無矛盾であるというのは，$T \nvdash \neg\exists x \phi(x)$，すなわち $T \nvdash \forall x \neg\phi(x)$，よって $T \nvdash \neg\phi(x)$ ですから，とくに $\neg\phi(x)$ が等式の場合が等式理論の完全性定理の証明で使われていることになります(授業2日目第2時限の板書(30ページ))．

補題2を証明するために，$T \cup \{\phi(c)\}$ が矛盾していると仮定します．すると，演繹定理を使って，$T \vdash \neg\phi(c)$ がいえます．$T \vdash \neg\phi(c)$ の証明に現れる定数 c を証明に現れない変数 x で置き換えれば，$T \vdash \neg\phi(x)$ の証明も得られます．したがって，$T \vdash \forall x \neg\phi(x)$ となり，これは $T \cup \{\exists x \phi(x)\}$ が無矛盾である仮定に反します．

以上の準備のもとで，次の定理の証明に入ります．

ゲーデル-ヘンキンの完全性定理

$T \vdash \varphi \Longleftrightarrow T \models \varphi.$

$\Rightarrow$ は健全性定理として述べたので，逆 $\Leftarrow$ を証明します．ここで，φ は文であると仮定しても一般性を失いません．そこで，$T \vdash \varphi$ でないと仮定すれば，$T \cup \{\neg\varphi\}$ は無矛盾です．あとは，これがモデルを持つことを証明すれば，$T \vDash \varphi$ でないことになり，完全性定理が証明されます．

モデルを見つけるために，新しい定数(ヘンキンの定数)の集合 C を用意し，これを加えた拡大言語における文の無矛盾な集合 S で，$T \cup \{\neg\varphi\} \subset S$ かつ以下の条件を満たすものを構成します．

（1）任意の文 σ に対して，$\sigma \in S$ または $\neg\sigma \in S$.

（2）文 $\exists x\psi(x)$ が S に属するとき，定数 $c \in C$ が存在して $\psi(c) \in S$.

このような S が得られれば，それからほしいモデルが作れることが次のようにわかります．まず，集合 C 上に $c \sim d \Longleftrightarrow c = d \in S$ によって同値関係 $\sim$ を定義します．そして，C の同値類 $[c] = \{d : d \sim c\}$ の全体を A とし，関数記号 f と関係記号 R の解釈を次で定めます．

$$\mathrm{f}^A([c_1], \cdots, [c_m]) = [d] \Longleftrightarrow \mathrm{f}(c_1, \cdots, c_m) = d \in S$$

$$\mathrm{R}^A([c_1], \cdots, [c_n]) \Longleftrightarrow \mathrm{R}(c_1, \cdots, c_n) \in S$$

ここは，等式理論のモデルの定義とほとんど同じです．さらに，条件(1),(2)を用い，文の構成に関する帰納法によって次が証明できます．任意の論理式 $\psi(x_1, x_2, \cdots, x_n)$ に対して，

$$A \vDash \psi([c_1], \cdots, [c_n]) \Longleftrightarrow \psi(c_1, \cdots, c_n) \in S$$

すると，$T \cup \{\neg\varphi\} \subset S$ ですから，構造 A は $T \cup \{\neg\varphi\}$ のモデルであることがわかります．

条件(1)を満たすような S を作るのは，無矛盾な集合を拡大していって極限を取ればよく，(2)を満たすためには，$\exists x\psi(x)$ が無矛盾な集合に属するとき，新しい定数 c を用意して $\psi(c)$ をその集合に入れることになります．この2つの作業はある意味で相反するものであることに注意してください．つまり，無矛盾な集合を命題論理の方法で拡大すると $\exists x\psi(x)$ の形の式が新しく入ってくるし，新しい定数 c によって言語を拡張すると極大性が崩れる．そこで，この2つの操作を交互に無限回行い，両条件を同時に満たすものを作るのです．

まどか 条件(2)を満たす集合を作るときに，補題2と少し違う仮定を使っているように見えたらおかしいのかな…．

先生 いい着眼点ですよ．この証明で用いる事実は，補題2の前提を「無矛盾な理論 T が $\exists x\phi(x)$ を含む」で置き換えたものになっています．でも，この前提から「$T\cup\{\exists x\phi(x)\}$ が無矛盾」という補題2の前提も成り立つので大丈夫です．補題2よりこうする方が無矛盾性を担保しやすいのです．

S と C の作り方を黒板に書きます．

SとCの作り方　まず $S_0=T\cup\{\neg\varphi\}$ とおく．

もとの言語のすべての文を並べて，命題論理のときと同じように，矛盾を生じないように文を次々と S_0 に加えていって，極大無矛盾集合 $S_0^\dagger$ を作る．$S_0^\dagger$ に含まれる $\exists x\phi(x)$ の形の式に対しそれぞれ新しい定数 c_ϕ を用意し，それらを集めて C_1 とする．$S_0^\dagger$ に $\phi(c_\phi)$ をすべて加えて，S_1 とする．これは言語が拡張されているので極大ではなく，再び上と同様にして，S_1 を含む極大無矛盾集合 $S_1^\dagger$ を作る．$S_1^\dagger$ に含まれる $\exists x\phi(x)$ の形の式に対し定数 c_ϕ を用意しその全体を C_2 とする．$S_1^\dagger$ に $\phi(c_\phi)$ をすべて加えて S_2 とする．以下同様に S_n, C_n を作る．極限をそれぞれ S, C とする．

これらが2つの条件を同時に満たしていることは明らかでしょう．これで完全性定理の証明が完成です．

春太 ちょろいっすね！　じゃあ，不完全性定理に進みましょうか？

先生 いや，その前に完全性定理の応用をいくつか見ておきましょう．まず，次の定理は命題論理の場合と同じように証明できます．

コンパクト性定理

理論 T がモデルを持つための必要十分条件は，T の任意の有限部分集合がモデルを持つことである．

美蘭 命題論理のコンパクト性は，真理値関数が作るカントル空間のコンパクト性に対応していました．1階論理の場合も，何か数学的な性質に対応しているのでしょうか？

先生 モデル全体が作る空間(ストーン空間)のコンパクト性に対応していますが，カントル空間ほど広く知られたものではありませんね．

さて，次の定理は完全性定理の証明から直ちに導かれますが，じつは完全性定理より前に知られていた事実(スコーレムのパラドクス)を述べたものです．

レーベンハイム-スコーレム下降定理

無矛盾な1階理論は，高々可算もしくは言語の記号の個数以下のモデルを持つ．

完全性定理の証明を見返せば，新しい定数の集合 C は可算無限もしくはもとの言語の記号の個数と同じ濃度を持つことがわかります．これから同値類をとって構造を作ると，その濃度はやはり高々可算もしくは言語の記号の個数以下になりますので，この定理が成り立つわけです．

この定理によると，1階理論としての実数論や集合論などは可算モデルを持つことになります．集合論では，実数全体のような非可算集合の存在がいえるのに，そのモデルが可算であるというのはパラドックスに思いませんか？

まどか こんなの絶対おかしいよっ！

先生 じつは，ある集合が可算であるという性質は，そこから自然数全体への1対1関数があるということであり，そのような関数が集合論のモデルの外にあれば，モデル内においては非可算で，外では可算になることがあっても不合理ではありません．これはパラドクスというより，濃度の概念が絶対的でないことを示す画期的な発見だったのです．

レーベンハイム-スコーレム-タルスキ上昇定理

1階理論が無限モデルを持てば，その言語の記号の個数以上の任意の濃度のモデルを持つ．

この定理は，コンパクト性定理と下降定理を組み合わせて証明されるのですが，時間の都合で省略します．この定理からどんな自然数の公理系も無矛盾である限り非可算モデルを持つことがわかります．

さくら レーベンハイム-スコーレムの定理なんかが示していることは，どんな数学的構造も1階理論ではうまく捉えられないということだっちゃ．そうすると，1階論理をいくら研究しても，真理探究の役には立たないということではねぇすか？

先生 ところが，想定外のモデルが真理探究に役立つこともあるのです．本来の構造の性質を調べる代わりに，それと同じ命題を成り立たせる別のモデルを調べることができるからです．例えば，集合論の場合，選択公理の成立や不成立を可算モデルの上で考えることができれば真理分析は随分簡単になると思いませんか？

では，最後に問題を出して終わります．

問題

T を1階理論とし，ある論理式 $\varphi(x,y)$ に対して，$T \vdash \forall x \exists y \varphi(x,y)$ とする．このとき，新しい関数記号 f を用いて，拡大理論 $T' = T \cup \{\forall x \varphi(x, f(x))\}$ を考えても，f を含まないもとの言語における文 σ に関する証明可能性は変わらない，つまり

$$T \vdash \sigma \Longleftrightarrow T' \vdash \sigma$$

が成り立つことを示せ．このようなとき，T' は T の**保存的拡大**であるという．

演習：薔薇の名前

レオ『薔薇の名前』という映画知ってる？

秋介 ああ，中世の修道院で起こる連続殺人事件を解決する探偵の話ですね．ホームズみたいな探偵を 007 の役者が演じていた．

レオ それも筋書きの 1 つだけど,『薔薇の名前』という題名はどういう意味だったと思う？

春太 そんな古い洋画の話，お袋にしてほしいっすよ．

秋介 よく覚えていないけど，探偵の助手が好きになった女の子と関係あるんじゃなかったかなあ．バラは別の名で呼ばれても同じように甘く香るとかいう．

まどか それ,『ロミオとジュリエット』だよっ！

さくら エーコの原作小説の最後に「昔あった薔薇は失われても，その名は残る」というような詩句が書かれていたかと…．

美蘭「豹死留皮（バオスリュウピ），人死留名（レンスリュウミン）」みたいですね．

秋介 虎（トラ）は死して皮を残し，人は死して名を残す？

レオ「薔薇の名前」はこの古諺とはちょっと違うんだ．中世論理学における普遍論争で象徴的に使われるタームなんだよ．この世からバラが消えても「バラ」という名には意味が残る．つまり，普遍は一種の概念であるということ

だけど，これが今朝先生が紹介した悲劇のヒーロー・アベラールが使った比喩なんだ．

まどか 幸せのヒロインと呼んであげたいなあ….

レオ それから約200年後，アベラールの再来ともいえる天才論理学者が「オッカムのウィリアム」で，『薔薇の名前』の探偵「バスカヴィルのウィリアム」はオッカムの友人という設定だった．ときとして本人のようでもあったね．

さくら だから！

春太 だからなんなのさ？

秋介「だから」は，この土地の相槌の言葉ですよ．

さくら んだから！

春太 なんかまぎらわしい!!

レオ 普遍論争における神学を数学に置き換えると20世紀の数学基礎論論争になるらしいんだけど，その辺りは先生に説明してもらうといいよ．

美蘭 もう少しちゃんと説明してください．

春太 本人もわかってないんすよ．

レオ 時間がないので，そろそろ演習問題に取り掛かろう．

春太 雑談を短くすればいいだけっすよ．

問題

（1） 実数の構造 $(\mathbb{R}, <, f)$ の上で，“関数 $f(x)$ は $x=a$ で連続である”を表す論理式を作れ．

（2） 構造 $(\mathbb{R}, <, f)$ の上で，“$f(x)$ は $x=a$ で微分可能である”を表す論理式がないことを示せ．

春太 数学教師を目指すオレには(1)は簡単すぎるね．

$$\forall \varepsilon > 0\ \exists \delta > 0\ \forall x(|x-a| < \delta \rightarrow |f(x)-f(a)| < \varepsilon)$$

ついでに，(2)だってオレなら書けちゃうけどな．

$$\exists d\ \forall \varepsilon > 0\ \exists \delta > 0\ \forall x\left(0 < |x-a| < \delta \rightarrow \left|\frac{f(x)-f(a)}{x-a}-d\right| < \varepsilon\right)$$

レオ それじゃあだめなんだ．四則演算が与えられているならいいんだけどね．この問題は構造 $(\mathbb{R}, <, f)$ の上で考えるのがミソなんだ．

秋介 そうか…．(1)は次のように書き直せばいいと思う．

$$\forall e, e'(e < f(a) < e'$$
$$\to \exists d, d'(d < a < d' \wedge \forall x(d < x < d' \to e < f(x) < e')))$$

(2)はどうかなあ….

レオ (2)は論理式で書けないことを示すのが問題で，先生がヒントを出されていたよ．論理式の真理値が同型で保存されるという．ちょっと黒板で説明しよう．まず，同型というのは，2つの構造が基本的に同じ形をしていることで，厳密にいうとそれらの間に関数や関係を保存する全単射があることです．すると，論理式の真偽も2つの構造で同じになることがわかります．

AとBが同型($A \cong B$)とは

- AとBは，同じ言語(記号)を持つ構造
- AとBの間に全単射hが存在し，
  任意の関数記号fと関係記号Rについて
  $f^A(a_1, \cdots, a_n) = b \Leftrightarrow f^B(h(a_1), \cdots, h(a_n)) = h(b)$
  $R^A(a_1, \cdots, a_n) \Leftrightarrow R^B(h(a_1), \cdots, h(a_n))$

論理式は原子論理式を論理記号でつないだものだから，原子論理式の真理値が2つの構造上で一致していれば，それから帰納的に定義される論理式の真理値も2つの構造で変わらない．

定理 AとBが(射hに関して)同型であれば，任意の論理式$\varphi(x_1, \cdots, x_n)$と$a_1, \cdots, a_n \in A$に対し，$A \models \varphi(a_1, \cdots, a_n) \Leftrightarrow B \models \varphi(h(a_1), \cdots, h(a_n))$

この定理(「パドアの方法」)を使うと，2つの同型な構造において，同じ点において一方が微分可能，他方が微分不能になることを言えば，微分可能性を表す論理式はないことになる．美蘭さん，やれるかな．

美蘭 やってみます．

[問題1](2)　　　　　　　　　　　by 美蘭

2つの構造 $(\mathbb{R}, <, f_1)$ と $(\mathbb{R}, <, f_2)$ を考える．
ここで，

$$f_1(x) = 2x, \quad f_2(x) = \begin{cases} 2x & (x \leqq 0) \\ 4x & (x > 0) \end{cases}$$

すると，$x = 0$ で f_1 は微分可能，f_2 は微分不能．
ところが，同型射 h が次で定義できる．

$$h(x) = \begin{cases} x & (x \leqq 0) \\ x^2 & (x > 0) \end{cases}$$

実際，$<$ の保存は明らか．また，$a \leqq 0$ のとき，
定義から $f_1(a) = b \Leftrightarrow f_2(h(a)) = h(b)$．
$a > 0$（したがって，$b > 0$）のとき，
$f_1(a) = 2a = b \Leftrightarrow 4a^2 = b^2 \Leftrightarrow f_2(h(a)) = h(b)$．
よって，構造 $(\mathbb{R}, <, f_1)$ と $(\mathbb{R}, <, f_2)$ は同型．
したがって，$f(x)$ の微分可能性は構造 $(\mathbb{R}, <, f)$ の上で表せない．

まどか　ミランちゃん，すご〜い！

レオ　もう1つ問題があったよ．

問題

T を1階理論とし，ある論理式 $\varphi(x,y)$ に対して，$T \vdash \forall x\, \exists y\, \varphi(x,y)$ とする．このとき，新しい関数記号 f を用いて，拡大理論

$$T' = T \cup \{\forall x\, \varphi(x, f(x))\}$$

を定義すると，f を含まないもとの言語における文 σ に関する証明可能性は変わらないことを示せ．

完全性定理を使えばいいけど，さくらさんどう？

さくら　完全性定理は苦手だっちゃ．しなきゃない？　んだな….

[問題2]　　　　　　　　by さくら

構造 A を理論 T のモデルとする.
$T \vdash \forall x \exists y \varphi(x, y)$ であれば, $A \vDash \forall x \exists y \varphi(x, y)$ だから, 任意の $a \in A$ に対して $\varphi(a, b)$ を満たす $b \in A$ が存在する. つまり, $\varphi(a, f(a))$ となる関数 $f(x)$ があるので, それを A に加えた構造 A^* は T' のモデルである.
健全性定理によって T' の定理 σ は A^* において真であるが, 記号 f を含まない文の真偽は f の解釈に依存しないから, そのような σ は A でも真となる.
A は T の任意のモデルだったから, 完全性定理により $T \vdash \sigma$ がいえる.

レオ You did it!(よくやったね)　少しだけ補足しておくと, この問題の f をスコーレム関数というんだけど, その存在は選択公理を使わないとうまく示せないんだ. まあ普通は暗黙の了解だけど. そして, 繰り返しスコーレム関数を導入していけば, 存在量化記号を全部消去して, 冠頭だけに全称量化記号を持つ論理式ができるね. 与えられた理論の公理をそういう形にして, 完全性定理を証明するのがゲーデルの証明法だったんだ. もとをたどれば, スコーレムのアイデアだからスコーレム関数と呼ばれ, 彼も完全性定理のような事実に気付いてはいたんだよ.

春太 やっぱロジックって面白いっすね.

さくら んだっちゃだれ～(もちろん).

計算のロジック

やっと一週目の終わりの日が来た．明日は特別講師の先生による講演が予定されているだけで，演習の時間はないから，今日が終わればホッと一息．休日には何をしようかと考えながら，自転車を漕いで山を登ってきた．

息を切らせて教室に入ると，いつものさくらさんの姿が見えない．昨日の朝は少し悩んでいる様子だったけれど，演習のときは元気そうだったから，今日は遅いバスでみんなと来るのだろうか．授業まで少し時間があったので，先生に薦められていた論文を探しに資料室に行った．論文を見つけてコピーをとっていると，バスの停車音が聞え，続いて彼らの賑やかな声が響いてきた．

美蘭 Bom dia!（ボン・ジーア）（お早うございます）

まどか おはよ〜．あれっ，レオさんとさくらちゃんは？

春太 朝デートじゃないっすか．サクラッチはいつもオレたちを避けて別のバスで来ているからな．

秋介 君が早めのバスに乗れないだけじゃないですか．

僕も教室に戻った．

レオ さくらさんがまだ来ていないんだけど，誰か何か知らないかい？ 昨日の朝，なんか元気がなかったんでちょっと心配なんだけど．

春太 朝元気がないのは夜遊びのせいじゃないっすか．午後には元気でしたよ．

まどか さくらちゃん，いつも夜バイトしているよね．そこで何かあったのかなあ….

春太 だから〜，なんちゃってね．

秋介 どんな仕事？

美蘭 喫茶店みたいなところで働いているって話してたけど．

レオ ふう〜ん．知らなかった．

美蘭 さくらさんのご両親は立派な方らしいし，変なバイトはさせないと思うの．心配しなくて大丈夫よ．

春太 へえっ．サクラッチはお嬢様だったのか．じゃあ，これからはサクラッチーナと呼ばないと．

秋介 どういうこと？

春太 お嬢様ぽいっしょ．

レオ どこまでふざけているのかわからない人だなあ．あっ，先生がいらっしゃったよ．

第1時限

ライプニッツからチューリングへ

レオ 先生，お早うございます．さくらさんがまだ来ていないのですが．

先生 うん．じつは先程さくらさんからお電話がありました．いま自分が何を勉強したらいいか悩んでいるので，少し休ませてほしいということでした．

レオ そういえば，初日の授業のときにも，先生のロジックが自分の考えているものと同じかどうかを気にしていました．不思議な悩みだと思って聞いていましたが．

先生 さくらさんは理解の早い人ですが，自分の意識世界が急に変わることで，心の平穏が失われるのを恐れているのかもしれませんね．しばらく，そっとしておいてあげましょう．

では，これまでの講義や演習について何かご質問はありませんか？

秋介 昨日レオさんから，中世の普遍論争における神学を数学に置き換えると20世紀の数学基礎論論争になるという話を聞いたのですが，本当にそんなことがいえるのでしょうか？

先生 ハーバード大学のクワイン先生の学説ですね．普遍者に対する中世的観点はふつう実念論，概念論，唯名論の3つに分けられますが，それらが数学の基礎に関する3つの学説＝論理主義，直観主義，形式主義にそれぞれ対応して現代に再現されているという説です．論理主義は，束縛変数が未知の存在者までも指示し得ると考えるので実念論．直観主義では，束縛変数は前もって構成された物しか指示しないから，普遍は心の中の存在とする概念論です．最後に，ヒルベルトの形式主義は存在に直接言及しないので唯名論です．

春太 オレは主義にはこだわらない主義っす．

美蘭 昨日レオさんが話してくれた唯名論のオッカムは，どんなことを主張した人でしょうか？

先生 オッカムの剃刀(かみそり)という言葉を知っていますか？

春太 最近ベッカムは髭が濃くなってるよね．

レオ そのジョーク，オウンゴールだよ．

先生 オッカムの剃刀というのは，彼の唯名論の考えを表す次のような格率とされています．

- 必要以上に存在者を増やしてはならない．

彼が本当にそう述べた証拠はないのですが，ライプニッツが次のような説明を与えています．

この格率に反対する人々は，神の豊かさは，倹約するようなものではなく，惜しみないものであって，事物の多様さと多さを喜ぶものであると反論する．しかし，この格率の本当の意味は次のようなものである．

- 仮説は単純であればあるほどよい．

現象の原因を説明する際，不必要な想定の最も少ない仮説が最善なのである．

秋介 神を数学に置き換えると，たしかに形式主義の立場に近い感じがしますね．

先生 でも，ライプニッツは唯名論者ではありません．すべての真実が記号の中にあるとした超唯名論者のホッブスに対しては，10 進法でも 12 進法でも算術の真理は変わらないことを例にあげて反論しています．ところで，ライプニッツが作った計算機はどんなものか知っていますか，まどかさん．

まどか パスカルの足し算計算機パスカリーヌを，掛け算ができるように改良したと，どこかで習ったような….

先生 そうですね．いまなら 100 円ショップで売っている電卓より性能の劣るものでしたが，そんな機械をもとに人間の思考を模倣しようと考えていたのですから，彼の想像力はすごいです．では，史上初のプログラム式計算機を考案した人を知っていますか？

まどか バベッジ先生？　どこかで出会ったような….　そんなわけないか．

先生 18 世紀のイギリスは，微積分学の優先権でライプニッツと激しく対立したニュートンの影響が強く残っていたため，ライプニッツが導入した優れた記号法(微分の dx とか積分の $\int$ など)が使えず，大陸の数学にかなり遅れをとっていました．19 世紀になって，その遅れを取り戻すべく，ライプニッツらの仕事を学び直し，自らも新たな記号法を開発する数学者たちがケンブリッジ大学を中心に活動を始め，そんな中からバベッジが登場します．しかし彼が実際に作ったのは多項式の値を計算する階差機関の不完全な試作品だけです．当時の計算機はたくさんの歯車を精巧に組み合わせて動かす機械だったので，完成させるのはとても難しかったのです．プログラム式の解析機関は，エイダという女性の協力で設計されました．

エイダのお父さんは詩人のバイロン男爵，お母さんも「数学の魔女」と呼ばれた才女です．お父さんは遊び人ですぐに家を飛び出したので，お母さんは娘の英才教育に専念しました．

まどか エイダさんは，本当はお母さんよりお父さんの方が好きだったんだよ．私が生まれた頃，女友達のメアリー・シェリーさんに小説『フランケンシュタイン』を書かせたのもお父さん….　いやだ，私じゃなくてエイダさんの話．

先生 エイダは母から逃れたかったためか，19 歳で結婚しました．でも，やはりふつうの生活には飽き足らず，バベッジ先生の下で研究を始めました．そこまでは良かったのです．しかし，彼女は，解析機関が競馬の予想に使えるのではないかとひらめき，ギャンブルにのめりこんで大きな負債を抱える結末になりました．さらに病も患い，36歳の若さで亡くなったのです．

まどか そんな…この結末変えられないの？

秋介 計算機が電気式になるのは，いつからですか？

先生 歯車の代わりに，真空管が使われるようになるのは，第二次大戦中にイギリスで開発された暗号解読機コロッサスが最初と言われています．

春太 それってチューリングが作ったんすよね．

先生 いいえ．彼が作ったのはボンベという機械で，コロッサスの設計にはあまり関わっていなかったのです．ただ，真空管の使用を提案したのは彼だとも言われています．

春太 じゃあ，チューリングはアイデアだけで，電子計算機を作っていないんすか？

先生 そういってもいいでしょう．チューリングのアイデアが電子計算機の青写真になったのですが，彼はもともと計算機を作ろうとしていたわけではなく，人間の計算能力の限界を知るために「computer」を定式化したのです．ただし，チューリングのcomputerは「計算(する)人」のことです．

美蘭 中国では短い鉛筆のような棒(籌(ちゅう)，算木)を使って計算する人の姿が「算」の字のもとになったと言われていますが，computerも人だったのですね．

先生 チューリングは，ノートの上で算数の計算をするふつうの人の計算力を今日チューリングマシンと呼ばれるcomputerとして定式化しました．このマシンは，無限に延長可能な入出力兼作業用のテープをもっており，動作開始時にテープに書かれていた記号列(数)に，停止時にテープに残る記号列(数)を対応させることで，計算可能な関数を実現します．

黒板を使いながら，説明しましょう(次ページ)．テープに書かれる有限個の記号集合 Σ を固定し，その記号の有限列を**語**と呼んで，語の全体を Σ^* と表します．チューリングマシンは，ヘッドが置かれたテープのマス目の文字を読み込み，内部状態に依存して，そのマス目に適当な文字を書き込んで，ヘッドを左か右の隣りのマス目に移動させ，新しい状態になります．内部状態は有限個なので，各状態でとる動作は有限遷移関数で定まります．本来のチューリングマシンは，0, 1の無限列(実数とみなす)を出力するものです．しかし，ここの定義では，終了状態を定め，その状態になったときにテープに書かれた有限列を出力とみなします．それでも，入力語によっては停止せず，途中で動かなくなったり，無限に動作し続けたりする場合もあります．したがって，一般にその定義域は Σ^* の部分集合です．

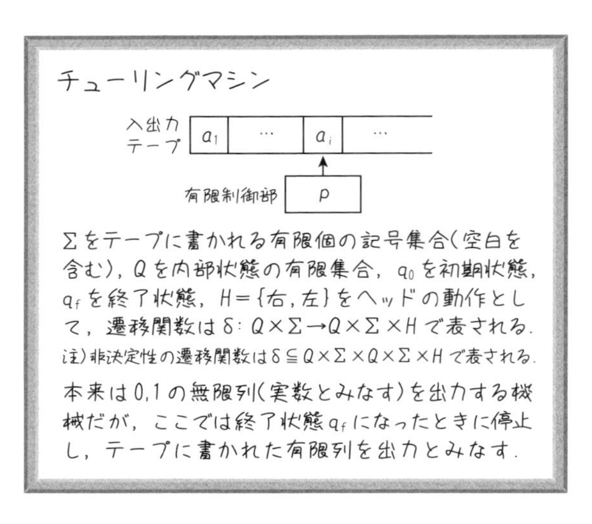

チューリングマシンを使ってインプットとアウトプットの関係として実現できる関数を**計算可能な（部分）関数**と呼びます．とくに，ここでは適当な対応により Σ^* を自然数全体 $\mathbb{N}$ あるいはその直積 $\mathbb{N}^n$ とみなし，さらに全域的になるものだけを**計算可能関数**として扱います．つまり，自然数（の組）から自然数への数論的関数で，計算機にプログラムできるようなものです．実数を表す無限小数も，各桁からその桁の数値への関数と考えれば，数論的関数として扱えるため，上のようなチューリングマシンでもその計算可能性を議論することができるのです．

計算可能関数の具体例は次の時間に説明します．

第2時限

計算可能関数と再帰的関数

秋介 数を2進法で表すのと，10進法で表すのとで，計算可能性が変わることはありますか？

先生 いい質問ですねぇ．基本的には変わりませんが，無限小数の扱いには少し注意が必要なところもあります．でも，いまは深入りしないことにしましょう．

まどか 大学の授業でいろいろなチューリングマシンが出てきて，本物はどれかなあと思っていたのです．

先生 テープを複数本にしたり，動作を非決定的(つまり，遷移関数を関係)に変えたりしても，計算能力は変わりません．何かを計算するときには機能が豊かな方がいいのですが，能力の限界を調べたりする場合にはシンプルなままが便利です．

では，いくつか計算可能関数の例を見ていきましょう．まず，足し算$x+y$です．ここでは，1をn個並べた列1^nで自然数nを表すことにします．$x+y$が計算可能であることを示すには，0を区切りにした記号列1^m01^nを入力させ，1^{m+n}を出力するチューリングマシンを考えます．これは簡単で，区切りの0を1に置き換えて，入力の右端の1を空白にすれば良いだけです．

次は，掛け算$x \cdot y$です．入力は同じように，1^m01^nです．まず，入力の右端に01^nのコピーを加える操作を考えます．それには，iを1つずつ増やしながら，$1^m00^i1^{n-i}01^i$を作成し，最後に$1^m00^n01^n$が得られたら，$1^m01^n01^n$に直します．そのあとは，同様にiを1つずつ増やしながら，$1^{m-i}01^n01^{n \cdot i}$を作成します．このとき，右側の1の列に関して，$1^{n \cdot (i+1)} = 1^{n \cdot i+n}$ですから，$n$と$n \cdot i$を足す操作が繰り返し行われることに注意しましょう．そして，$01^n01^{n \cdot m}$が得られたら，$1^{n \cdot m}$に直します．これで，$1^{m \cdot n}$を出力するチューリングマシンができました．

このように掛け算は足し算を繰り返して計算できます．同様に，掛け算を繰り返せば指数関数とか階乗を計算することもできます．この考え方から，次に定義する**再帰的関数**が計算可能であることはわかりやすいと思います(次ページ)．

③を用いずに定義される再帰的関数をとくに**原始再帰的関数**といいます．

春太 ゲーデルの不完全性定理の論文に出てくるやつっすね．いよいよ始まるかぁ．

再帰的関数のクラス

・ゼロ関数0，後者関数 $S(x)$，射影関数 $P^n_i(x_1, \cdots, x_n) = x_i$ を含み，次の①～③で閉じた最小のクラスである．ただし，$\vec{x} = (x_1, \cdots, x_n)$ とする．

①関数合成

②原始再帰法　$g(\vec{x})$ と $h(\vec{x}, z)$ が与えられたとき

次の $f(\vec{x}, y)$ がある．$\begin{cases} f(\vec{x}, y) = g(\vec{x}) \\ f(\vec{x}, y+1) = h(\vec{x}, f(\vec{x}, y)) \end{cases}$

③最小化　$\forall \vec{x} \exists y\ g(\vec{x}, y) = 0$ となる $g(\vec{x}, y)$ が与えられたとき，$f(\vec{x}) = \mu y(g(\vec{x}, y) = 0)$（すなわち $g(\vec{x}, y) = 0$ となる最小の y）がある．

先生 前にもお話ししましたが，ゲーデルの論文に出てくる再帰的関数は今日の原始再帰的関数で，今日の再帰的関数に対しては，この論文のあとゲーデルは一般再帰関数として上とは少し違った定義を与えました．いずれにしても不完全性定理までもう一歩ですよ．

　では，再帰的関数が計算可能になるのはいいでしょうか？

秋介 基本的な3つの関数は明らかに計算可能です．関数合成は，それぞれに対応するチューリングマシンの合成で表せます．原始再帰法は，先ほどの掛け算のように，ある変数の値を1つずつ減らしながら同じ作業を繰り返せば良いと思います．で，最後の最小化というのが，よくわかりません．

先生 まず，$\vec{x} = (x_1, \cdots, x_n)$ の表記が議論を見にくくしていると思いますので，$\vec{x}$ が1つの変数，つまり $n = 1$ の場合を考えれば良いでしょう．このとき，任意の x に対して，$g(x, y) = 0$ を満たす y があるなら，そのような最小の y を x の関数として計算できるということです．実際，$g(x, y)$ を計算するチューリングマシンがあると仮定すれば，y を0から1つずつ増やしながら，その値が0になるかどうかを確かめれば良いだけです．そのようにして得られる関数を $\mu y(g(x, y) = 0)$ と書くのです．

春太 原始再帰法とあまり変わらないっすね．

先生 注意しておきたいのは，$g(x, y) = 0$ を満たす y があるという条件です．これが満たされないと関数が定義できない（部分関数になる）ことは明らかですが，条件が満たされるかどうかの判定が計算可能とは限りません．

まどか じゃあ，原始再帰的でない再帰的関数ってあるのかなと思ったりして．それから，再帰的でない計算可能関数もあるのかなって．

先生 最初はYes，次はNoです．計算可能関数がすべて再帰的だというのはちょっと意外でしょう．これについては午後に説明しましょう．最初の質問ですが，2つの例があります．1つは，対角線論法で原始再帰的でない再帰的関数を作るものです．原始再帰的関数は，結局3つの基本関数を有限個組み合わせてできているわけです．その構成は有限的なので，原始再帰的関数の定義を簡単にリストアップでき，対角線論法でそのリストに入らない計算可能関数が作れます．ここで，もし最小化演算が入ってくると，関数が全域的かどうかの判断が必要になって，対角線で作る関数は計算可能でなくなってしまうのです．もう1つの例は，次のアッケルマン関数 $f(x,y)$ ですが，それは原始再帰的関数で抑えられない増加度を持つことが証明できます．

$$f(0,y) = y+1,$$
$$f(x+1,0) = f(x,1),$$
$$f(x+1,y+1) = f(x,f(x+1,y)).$$

春太 これって原始再帰的じゃないんすか．

先生 2変数に同時に原始再帰法が適用されているので，普通の原始再帰法ではありません．この関数が計算可能関数であることはわかりやすいと思います．計算可能関数が再帰的関数になることは午後に示しましょう．

最後に，演習問題を出しておきます．その前に注意しておくと，特性関数 $\chi_R : \mathbb{N}^n \to \{0,1\}$ が再帰的／原始再帰的関数になるとき，n 項関係 $R \subset \mathbb{N}^n$ は再帰的／原始再帰的であるといいます．

問題1

（1）引き算 $x \dot{-} y$（ただし，$x < y$ のときの値を0とする）が原始再帰的であることを示せ．

（2）$x < y$ は原始再帰的であることを示せ．

（3）(原始)再帰的な n 項関係 A, B に対し，

$$\neg A,\ A \wedge B,\ A \vee B$$

も(原始)再帰的であることを示せ．

昼休み．みんなで学園の庭でお昼を食べていると，バイクの爆音が近付いてきた．そして，僕たちの側で降り立った男は，全身黒ずくめで，三日月のマークを付けたヘルメットをかぶり，右眼に眼帯まで付けている．

春太 近くの城址（しろあと）で観光ガイドしている人っすか？

レオ すみませんが，ここは私有地で関係者以外立ち入り禁止です．

U矢 拙者，当地の学徒でU矢（ユーヤ）と申す．今回の講義に参加させていただく予定であったが，たまたま立ち寄った神社で算額の面白い問題を見付けて，それを考えているうちに日にちが過ぎてしまったというわけでござる．

レオ あの無断欠席の学生か！

春太 そのヘルメットのマークは三日月じゃなくてUの字かよ．Uターンする矢なんて，ありえない名前っしょ．

美蘭 U矢さんは，どれくらいロジックを知っているの？

U矢 私の論理力は530000です．まあ，そういってもわからんだろうから，言い換えると不完全性定理くらいまでなら手加減してやってもお主（ぬし）らに勝ち目はなかろう．講義では，不完全性定理の証明は終わったのか？

美蘭 これからですよ．

U矢 では，また来週来るとしよう．

レオ おい，ちょっと待て．君は，この土地の人だろう．ひょっとして，さくらさんという女の子を知らないか？

U矢 さくら姫とは幼馴染だが．

春太 やっぱりお姫様だったんすね.

まどか 昨日までさくらちゃんはここに来てたんだけど,突然来なくなっちゃった.

U矢 退屈な授業に嫌気がさしたのであろう.

レオ そんな様子ではなかったけど.

U矢 では,あのオタク連中に止められたのかもしれんな.

美蘭 ええっ.その人たち,どこにいるのですか?

U矢 中央バスターミナル近くの路地裏にある純喫茶『カンディード』にいつもたむろしておるわ.拙者の馬でそなたをお連れ申そうか.

美蘭 大丈夫です.まだ授業がありますから.

レオ それって,どんなお店ですか?

U矢 拙者もあまりよくは知らないが,マスターは姫の父君の門弟だったらしい.そして,もったいないことに,姫はそこで女給みたいなことをされておるのだ.

レオ やっとこの街のことが少しわかってきたよ.明日は特別講師の先生の話があるから,良かったら朝からおいでよ.

U矢 かたじけない.では,これで失敬.

「ああっ,先生にも会って行けよ…」という僕の声はバイクの音に消されてしまった.

第3時限

計算可能性理論

レオ さっき,U矢という時代錯誤の学生が訪ねてきました.まだ講義で不完全性定理をやっていないと言ったら,そこまでは知っているからと言って,すぐ帰ってしまいました.

先生 頭の回転の早い人でしょう.

レオ なんだか落ち着かない人ですね.いま算額の問題にはまっているらしいです.

先生 ほう.

美蘭 さくらさんがバイトをしている喫茶店を知っているというので,私たち週末に行ってみようと思います.

先生 それもいいかもしれませんが,あまりかき回さないであげてください.

前の時間で，計算可能な(部分)関数と再帰的関数を定義しましたが，その基本的性質を見ていきましょう．

クリーネの標準形定理

記法：部分関数 $f(x) \sim g(x) \Leftrightarrow$ 両方定義されて値が等しいか，両方定義されない

原始再帰的関数 $U(y)$ と関係 $T(e,x,y)$ が存在して，任意の計算可能な部分関数 $f(x)$ は，ある e に対して $f(x) \sim U(\mu y(T(e,x,y))$ となる．

（証明） 原始再帰的関係 $T(e,x,y)$ の定義は，コード e のチューリングマシンに x を入力したときの，計算過程のコードが y である．
計算過程がステップごとに正しいかどうかは原始再帰的に確認できる．そして，計算過程 y から出力だけを取り出す関数 $U(y)$ も原始再帰的．

この定理は，計算可能な部分関数について述べたものです．部分的に計算可能という意味ではありません．定義域が $\mathbb{N}$ 全体とは限らず，入力によって停止しないかもしれない関数です．このとき，$a = \mu y(T(e,x,y))$ は，各 $y < a$ に対して $T(e,x,y)$ は(定義されて)偽となり，$T(e,x,a)$ は真となることを意味します．特に計算可能関数 $f(x)$ について考えれば，この標準形は再帰的関数になっています．つまり，

系

計算可能関数は再帰的関数である．

標準形定理における e を計算可能な部分関数 $f(x)$ の**指標**といい，この関数をしばしば $\{e\}(x)$ で表します(クリーネのブラケット表記)．また，次の定理も簡単に導けます．

枚挙定理

$\{e\}(x)$ は，e, x に関する2変数の計算可能な部分関数である．

まどか これって，e, x を与えて，「コード e の計算機が入力 x に対して行う計算」を模倣できるということだから，万能チューリングマシンがあるということだよっ！

先生 その通り．クリーネの標準形定理からは，ほかにもいろいろ重要な系が導けます．

その前に，また1つ言葉を導入します．集合 $R \subset \mathbb{N}$ が**計算的に枚挙可能**(**computably enumerable** 略して CE)であるとは，計算可能関数の値域になるか空集合になることとします．すると，それはある計算可能な部分関数の定義域になることもわかります．実際，その部分関数の計算は，入力 x が与えられたとき，もとの枚挙計算をさまざまな入力に対して有限時間実行して x が出るのがわかったときに停止すれば良いだけです．逆に，計算可能な部分関数の定義域は CE であることも同様に示せます．

再帰的集合は**計算可能**あるいは**決定可能**とも呼ばれ，直観的には任意の数 n に対して，それが要素になるかどうかを判定するプログラムが存在するような集合のことです．

次の2つの定理は，計算可能集合と CE 集合に関する最も重要な事実です．

定理

集合 A が計算可能であるための必要十分条件は，A とその補集合 $\neg A = \mathbb{N} - A$ が，ともに CE になることである．

証明

必要性は明らかである．十分性を示すため，A と $\neg A$ がともに CE であるとする．A の枚挙ステップと，$\neg A$ の枚挙ステップを交互に逐次実行すれば，各数 n がどちらに入るか必ず有限時間で判定できる． □

定理

計算可能でない CE 集合が存在する．

証明

$K = \{e : e \in \mathrm{dom}(\{e\})\}$ とおく．ただし，$\mathrm{dom}\{e\}$ は計算可能な部分関数 $\{e\}$ の定義域を表す．枚挙定理から，K は計算可能な部分関数 $f(e) \sim \{e\}(e)$ の定義

域とみなせるので，CE 集合である．あとは，$\neg K$ が CE でないことをいえばよい．$\neg K$ が CE として，$\neg K = \mathrm{dom}(\{d\})$ とする．

$$d \in K \Longleftrightarrow d \in \mathrm{dom}(\{d\}) \Longleftrightarrow d \in \neg K$$

だから，$d \in K$ でも $d \in \neg K$ でも矛盾が生じる．よって，$\neg K$ は CE ではなく，したがって K は計算可能でない． □

この定理は，ゲーデルの第一不完全性定理と密接な関係をもっています．詳しくは，次週にお話ししましょう．

春太 もう少しなのに．来週まで我慢っすか？

先生 算術の形式体系を導入しないといけませんから．

春太 サワリだけでもいいっすから．

先生 わかりました．では，T を算術の適当な体系としておきましょう．かなり弱い体系でも，上の CE 集合 K の定義は書けますので，ある論理式 $\varphi(x)$ が存在して，

$$n \in K \Longleftrightarrow T \vdash \varphi(n)$$

がいえます．しかし，

$$n \notin K \Longleftrightarrow T \vdash \neg\varphi(n)$$

はいえません．右辺は CE だからです．すると，ある n が存在して，

$$T \nvdash \varphi(n) \quad \text{かつ} \quad T \nvdash \neg\varphi(n)$$

がいえるので，T は不完全です．詳しくはまた来週説明します．あとは次の演習問題をやってください．

問題 2

（1）無限集合 A が CE であれば，その無限部分集合で計算可能なものが存在することを示せ．

（2）C を(1 変数の)計算可能な部分関数の族で，空でも全体でもないとする．このとき，$\{e : \{e\} \in C\}$ は計算可能ではないことを示せ．

演習：ヒア アフター

レオ 今日も映画の話から始めるよ．この間観た『ヒア アフター』が頭から離れないんだ．死のイメージに捉われた3人がそれぞれ悩みながら本物の生を見出していくという話なんだけど．

秋介 クリント・イーストウッド監督の作品はたくさん観ましたが，今回のものが一番深い内容かも….

美蘭 女性ジャーナリストがスマトラ島沖地震の津波にのまれるシーンを予告編で見ました．中国でも内陸部の地震は多いけれど，津波は知らなくて….怖いから私は見に行けません．

まどか 大丈夫，私がミランちゃんのそばにいるよ．

春太「ヒア アフター」ってどういう意味っすか？

レオ やっと聞いてくれたね．原題 "Hereafter" をカタカナにしたら余計わかんないよね．hereafter には「今後」のほかに「あの世」という意味があるんだ．ちょっと違うけど，aftermath という言葉は知ってるかい？

春太 math は数学だから，物理学のことかな．

レオ 全然違うよ．大事件や災害の「余波」や「後遺症」のことなんだ．辞書を調べてごらん．最後にもうひとつ．「物理学の後」という意味の言葉を知っているかな．

秋介 afterphysics?

レオ アリストテレスの著作集で，「物理学(＝自然学，ピュシカ)」の後に収められた部分を「メタピュシカ(メタフィジクス)」と呼ぶようになったんだ．この場合の「メタ」は「後」の意味です．現代では哲学に相当する分野で，「形而上学」とも訳される．ちなみに論理学はピュシカの前に置かれているから，メタフィジクスではないよ．

まどか さくらちゃん，早く帰ってきてほしいなあ．

春太 レオの話し方，だんだん学園長に似てきてるっすよ．今日は講義で不完全性定理の証明の話も聞けたし，演習はやめて街に出ようぜ．気分転換も必要っすよ．

レオ 確かに気分転換も必要だけど，演習問題は考えてみたかい？

春太 オレ，細い計算苦手だし．何度も考えていると余計わかんなくなるっす….

レオ『不思議の国のアリス』で知られるオックスフォードの数理論理学者ルイス・キャロルが，『記号論理』という教科書の中で読者にこんなアドバイスをしているよ．「同じところを３度読んでわからなかったら，その日は休んで次の日に読み直すと，案外簡単だったことがわかる」と．君は３回考えてみた？

春太 ….

レオ キャロルはこんなことも書いているよ．「優しい友達をみつけて一緒に読みなさい．友達が見つからなければ，１人でも声を出して自分に説明するようにしなさい」と．

じゃあ，演習に入るよ．まず，復習だ．**再帰的な部分関数**のクラスは，３つの基本関数（ゼロ関数 0，後者関数 $S(x)$，射影関数 $P_i(x_1, \cdots, x_n) = x_i$）を含み，

① 関数合成，
② 原始再帰法，
③ 最小化，

で閉じた最小のクラスだった．ここで，③のみが関数を部分関数にする可能性を含んでいて，最小化を用いても全域性が保たれるときに**再帰的関数**という．さらに，③を用いずに定義される関数は**原始再帰的関数**という．また，特性関数 $\chi_R : \mathbb{N}^n \to \{0, 1\}$ が再帰的／原始再帰的関数になるとき，n 項関係

$R \subset \mathbb{N}^n$ は**再帰的**／**原始再帰的**であるという.

それでは，問題.

問題 1

（1）引き算 $x \dot{-} y$（ただし，$x < y$ のときの値を 0 とする）が原始再帰的であることを示せ.

（2）$x < y$ が原始再帰的であることを示せ.

（3）（原始）再帰的な n 項関係 A, B に対し，$\neg A, A \wedge B, A \vee B$ も（原始）再帰的であることを示せ.

……………………………………………………………………………………………

春太さん，最初の方は考えてみた？

春太 (1)は簡単っすね．(2)だってできるけれど，欲張りはいけないからまどかさんに譲ります.

まどか Deixe comigo（デイシ・コミーゴ）‼（まかせなさい）

問題 1 (1)　　春太

前者関数 $M(x) = x \dot{-} 1$ を次で定義する.

$$M(0) = 0, \quad M(x+1) = x = P_1(x, M(x))$$

すると，引き算 $x \dot{-} y$ は次のようになる.

$$x \dot{-} 0 = x, \quad x \dot{-} (y+1) = M(x \dot{-} y).$$

(2) $\chi_<(x, y) = (y \dot{-} x) \dot{-} M(y \dot{-} x)$　　まどか

(3) $\chi_{\neg A} = 1 \dot{-} \chi_A, \quad \chi_{A \wedge B} = \chi_A \cdot \chi_B,$

$\chi_{A \vee B} = 1 \dot{-} \{(1 \dot{-} \chi_A) \cdot (1 \dot{-} \chi_B)\}.$

レオ ポルトガル語も完璧だ．では，もう少し復習しておこう．再帰的関数は計算可能関数と一致し，その値域になる集合（と空集合）を**計算的に枚挙可能**（略して **CE**）という．それは再帰的な部分関数の定義域であることとも一致した．また，再帰的集合は**計算可能**あるいは**決定可能**とも呼ばれる．指標 e の計算可能な部分関数を $\{e\}(x)$ で表す．で，問題だ.

問題 2

（1）無限集合 A が CE であれば，その無限部分集合で計算可能なものが存在することを示せ．

（2）C を（1 変数の）計算可能な部分関数の族で，空でも全体でもないとする．このとき，$\{e\colon \{e\} \in C\}$ は計算可能ではないことを示せ．

………………………………………………………………………………

どっちも簡単ではないけど，秋介さんと美蘭さんにやってもらえますか？

問題 2(1)　　秋介

無限集合 A は，ある計算可能な関数 f の値域である．いま，$g(n) = f(\mu m(g(n-1) < f(m)))$ は狭義単調増加関数で，計算可能である．その値域は A の無限部分集合 B になる．そして，B の補集合も，それが無限集合なら次で定義される計算可能関数 h の値域になる．簡単のため $g(0) = 0$ とする．

$h(n) = \mu m(h(n-1) < m \wedge g(\mu k(m < g(k+1))) < m)$

よって，B は計算可能で，A の無限部分集合である．

問題 2(2)　　美蘭

最初に，ϕ を定義域が空であるような（すべての入力に対して停止しないような）計算可能な部分関数とする．このとき，$\phi \in C$ としても一般性を失わない．そうでなければ，C の補集合を C と置き直せばよい．C は全体集合でないから，C に含まれない計算可能な部分関数 f が存在する．

いま，x に対して，$g(x)$ を次のように定義される計算可能な部分関数の指標とする．すなわち，$\{x\}(x)$ が停止するまで，f と同じ計算をする．$\{x\}(x)$ が停止しないとき，何もしない，すなわち ϕ と同じ結果になる．すると，$x \in K$ のときかつ，そのときだけ $\{g(x)\}(y) \sim f(y)$ だから，$x \in K \Leftrightarrow g(x) \notin C$ である．x から $g(x)$ を得るのは計算可能であるから，もし C が計算可能であれば K も計算可能になり，矛盾である．

レオ (2)の主張は**ライスの定理**と呼ばれています．指標eはプログラムとも考えられるから，与えられたプログラムを見て，その計算が性質Cを満たすかどうかが判断できないというわけ．例えば，Cを(全域的な)計算可能関数全体とすると，停止問題になるね．

まどか「ある入力に対して100ステップ以内で停止する」という性質なら，有限的に判断できるんじゃないかなって….

レオ ライスの定理のCは部分関数の族だから，「100ステップ以内で停止する」というような条件は関数自体の性質としては記述できないのです．

まどか Obrigada!（オブリガーダ）(ありがとう)

超準解析

この日は土曜日だったが，高名な最等先生による超準解析の集中講義が大教室で行われるということで，学園の正規生や客員研究員たちも春休みにもかかわらず大勢集まって来た．学園長は，学生時代に最等先生の本を読んだことが，ロジックを志望するきっかけの一つになったと話されていたから，入門生たちにはきっといい刺激になるだろう．

級友たちとは数週間振りに顔を合わせる．

学園生A レオ，久し振り．入門コースのチューターはどうだい？

レオ 個性的な生徒たちばかりで面白いし，自分の勉強にもなるよ．

イタリア人研究員 Bon dia!（お早う）　レオ君，元気？

レオ Buon giorno!（お早うございます）　はい，元気にしています．

まどか おっはよう～．ロジック学園にこんなにいっぱい人がいたんだね．

美蘭 ちょっと緊張するわ．

春太や秋介は雰囲気に圧倒されたのか，黙って入り口と反対側に座ったようだ．彼らの隣にいるのが，ヘルメットを外したU矢だろうか．彼らに話しかけようと席を移動しているうちに，かくしゃくとした初老の紳士が学園長と並んで入って来られた．僕は急いで彼らの近くに座った．

学園長 皆さん，今日は超準解析の最等先生に山の上の学園にお越しいただきました．先生は初学者にわかりやすいお話をするのがとてもお上手で，私も学生時代に先生の講義を受け，また先生のご著書などを読ませていただいて，ロジックへの関心を高めました．先生はとても気さくなお人柄で，私は最初お名前の漢字が読めず「モナド」先生と呼んでいたら，いつの間にかみんながそう呼ぶようになってしまいました．今日は貴重な機会ですから，皆さんもしっかり聞いて，今後の勉強に役立てください．では，早速モナド先生，ご登壇お願いします．

第1部

無限小の世界

ただいまご紹介に預かりましたモナドです．本当は「かなめ・ひとし」と言いますが，超準解析をやりすぎてモナドになってしまいました．モナドが何かはちゃんとあとでご説明します．私は「たいら・ひとし(平均)」のような無責任男ではございませんのでご安心ください．

春太(小声で秋介に)　シェー！　いきなり50年前の話題ざんすかぁ．言っとくけど，「平均」役の植木等は若い頃の爺っちゃんに似ていて，オレには神っすよ．「はじめ・ひとし(初等)」や「なか・ひとし(中等)」と名乗っている映画もあったけど，「かなめ・ひとし」はなかったすなあ．

秋介(小声で)　静かに！

今回はロジック学園でお話をさせていただけるということで喜んで飛んでまいりました．といっても，飛行機じゃなくて新幹線で来たんですが，ははは….本学園から優秀なロジシャンがたくさん育っているのは知っていましたが，今日初めて学園の門をくぐり，こうして皆さんたちを前にすると，モナドの窓が開いた気持ちになります．ははは….

春太(小声で)　ナニひとりで受けているんすかね．ノマドの間違いじゃないっすか．

レオ いい加減に口を閉じろよ．

秋介(小声で)　レオさん，そばにいたんですね．

微積分学は17世紀の後半に，ニュートンとライプニッツによって独立に発明されました．ニュートンの発見が少し早かったらしいのですが，ライプニッツの定式化が洗練されていて，いまも彼の記号 dx や $\int$ は広く使われていますね．

ライプニッツは，関数の「局所的な変化」を捉えるために，無限小の利用を考えました．無限小というのは，0ではないけれど，その絶対値がどんな正の実数よりも小さいような数です．無限小 dx を使うと，関数 $f(x)$ の微分(導関数)は次で定義されます．

$$f'(x) = \frac{f(x+dx)-f(x)}{dx}.$$

ここで，極限が使われていないことに注意してください．ニュートンも基本的には同じような考えでしたが，彼は極限的なイメージも使っています．

無限小は，普通の正の実数と比べて無視できる量を持ちます．それは「ボールの直径が地球の直径と比べて無視できるようなものだ」とライプニッツは説明しています．それでも「無限小」も普通の実数と同じように演算ができると彼は考えているのです．

しかし，無限小に対しては，さまざまな批判が起こりました．例えば，$f(x) = x^2$ とすると $f'(x) = 2x$ です．他方で，

$$f'(x) = \frac{f(x+dx)-f(x)}{dx} = \frac{(2x+dx)dx}{dx} = 2x+dx$$

ですから，これら2式が同値なら，$dx = 0$ となります．これは無限小 dx が0でないことに矛盾します．

このような批判を受けつつも，無限小は使われ続け，論理的な基礎づけがいろいろと試みられました．コーシーは，無限小を，0に収束するような値をとる変数と定めました．この曖昧な定義でも説明できることは多かったのですが，新たな問題も生じて無限小論争は一層混迷を深めていきました．最大の原因は，そもそも実数の完備性の概念が確立されていなかったからです．

そして，ついにヴァイエルシュトラスは無限小の概念を放棄し，いわゆる ε-δ

論法によって極限を表し，連続性や導関数のような概念に対する厳密な定義を与えることに成功しました．こうして無限小は理論数学から姿を消したのですが，それでも物理学者や応用数学者は「線素 dl」や「面積素 dA」といった無限小概念を使い続けました．そこで，1960 年 A. ロビンソンは無限小を合理的なものとして復活させ，応用数学と理論数学をつなぐ画期的な手法として，超準解析を提唱したのです．

厳密な話は後回しにして，無限小を含む実数の世界 $^*\mathbb{R}$ をちょっと眺めてみましょう．普通の目で見れば，普通の世界 $\mathbb{R}$ です．しかし，原点 0 を倍率無限大の顕微鏡で覗いてみましょう．肉眼で単一の点 0 は，顕微鏡の視野では 1 点ではなく，まん中の 0 の周りに無限小の点が無数にあります．無限小も四則演算が自然にできるものと考えると，ε が無限小であれば，$\varepsilon+\varepsilon, \varepsilon^2, -\varepsilon$ などはみな無限小で 0 の周りにあります．

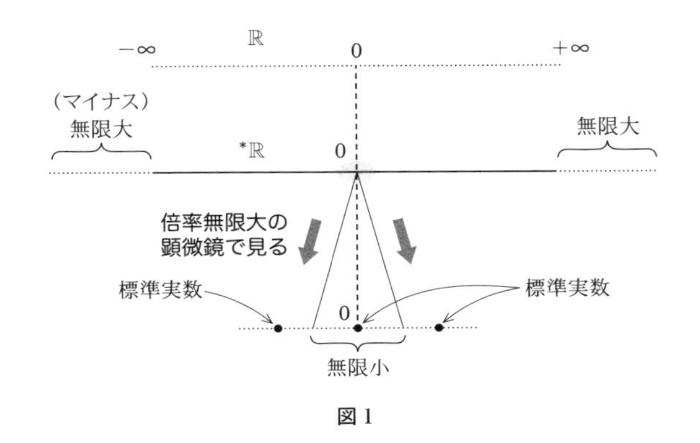

図 1

春太（小声で秋介に）　巨人の国に行ったガリバーが，赤ん坊に乳をやる女を見て，「私の頭の半分くらいの大きさの乳首の周りに斑点やそばかすがあり，気持ち悪くて吐きそうだ」と言っていたけど，そんな感じっすかね．ガリバーが「ロビンソン狂いそう」になっちゃう．

秋介（小声で）　君のイマジネーションは天才的だけど，少し場所を考えてくれよ．

無限小と普通の数を組み合わせてもよく，例えば $2+\varepsilon$ を考えると，肉眼では 2 と一致して見えても，2 に焦点を合わせた顕微鏡では 2 と違って見えます．2 のようなふつうの実数のことを**標準実数**と言い，$2+\varepsilon$ のような新しい数を**超準実数**

と言います．ロビンソンは記号 $\approx$ を用いて，差が無限小である２つの数 a, b を $a \approx b$ と表しました．たとえば，$2+\varepsilon \approx 2$ のように．したがって，無限小 ε は，$\varepsilon \approx 0$ となるものです．

さて，標準実数 a に対して，$a \approx b$ となる数 b の集まりを a の「**モナド**」と呼びます．微視的には a のモナドにはたくさんの超準実数が入っていますが，巨視的には a の１点につぶれてしまいます．

標準実数と超準実数とを合わせて**超**(ハイパー)**実数**と呼ぶことがあります．超実数は，次のようにも分けられます．

（ａ）**有限超実数**は，ある正の標準実数 M に対して $|x| < M$ となるような超実数 x です．任意の有限超実数 x に対して，$x \approx a$ となるただ一つの標準実数 a が存在し，それを x の**標準部分**といい，$\mathrm{st}(x)$ で表します．

（ｂ）**無限大超実数**は(a)以外の超実数で，正のものも，負のものもあります．ε が正の無限小のとき，その逆数 $\dfrac{1}{\varepsilon}$ は正の無限大超実数です．超実数の世界には，互いの距離(差)が有限のものと，無限大のものがあります．互いの距離が有限になるものを集めた集合を「**ギャラクシー(銀河)**」と呼びます．有限超実数の全体も一つのギャラクシーです．

ところで，超準解析の最大の特長は，極限の概念が次のような等式で表せることです．

$$\begin{aligned}\lim_{x \to a} f(x) = l &\Longleftrightarrow \forall x \approx a\,(x \neq a \to f(x) \approx l) \\ &\Longleftrightarrow f(a+\varepsilon) \approx l.\end{aligned}$$

この極限をもとに微分を定義すると，それは結局ライプニッツの定義に一致します．

$$f'(a) \approx \frac{f(a+\varepsilon) - f(a)}{\varepsilon}$$

です．x が $x+dx$ に変化をしたときの $y = f(x)$ の変化を dy で表せば，$f'(x) \approx \dfrac{dy}{dx}$ は巨視的な等式で，正確には $f'(x) = \mathrm{st}\left(\dfrac{dy}{dx}\right)$ となります．

無限小 ε を使うと，形式的な定義を直観的に理解でき，さまざまな証明も見通しが良くなることは論理的にも裏付けられます．というのは，ε-δ 論法による極

限の定義は ∀∃ 型の論理式で表現されるのに対して，無限小を使うと，量化記号が少ない，もしくはない論理式で表現できるからです．論理的な意義に関心のある人は，学園長に聞いてみてください．

美蘭 スケールの大きな話だわ．さくらさんに聞かせてあげたかった．

まどか 今頃何をしているのかな．さくらちゃん….

第2部

超準世界の作り方

先程は，超準解析が便利で自然な道具であることを説明しました．でも，無限小を含んだ世界を合理的に構成するのは簡単ではないのです．その作り方について説明する前に，少し具体的な例を考えましょう．

0.99999… と 1 は本当に同じでしょうか？　0.999 は 1 より小さいし，0.99999 もそう．どこまでいっても 0.99999… は 1 に届きません．これを超準解析の言葉では，0.99999… と 1 の差はゼロではないけれど，無限小であると言います．そして，無限小は巨視的に 0 だとみなすのです．

春太(小声で)　オレも，0.99999… と 1 が同じなんて気持ち悪いと思ってたんだ．

次に，無限列 $\langle 0.1, 0.01, 0.001, 0.0001, \cdots \rangle$ を考えてみましょう．これは 0 に収束しますが，どの要素も 0 より大きいので，この列が表す数は正の無限小と考えていいでしょう．それでは，$\langle 0.1, -0.01, 0.001, -0.0001, \cdots \rangle$ はどうですか？　正負が交互に現れるので，これを無限小とみなす場合，正になるか負になるか直観的には判断できません．絶対値をとったら，正の無限小だから，0 ではないはずです．無限小を含む世界も，数全体が大小関係で直線に並んでいて，四則演算もうまくできるようにしたいのですが，どうしたらそんな都合のいい世界を構成できるでしょうか？

皆さんは，授業でゲーデルの完全性定理を学んでいると思います．その応用にコンパクト性定理というのがありました．それを使えば，実数の構造に無限大や無限小を加えても大小関係や四則演算の法則を保存させることはできますね．これってすごいことです．ロジックを勉強していない人からすれば，無限が存在する世界を簡単に作れるなんて魔法みたいでしょ．皆さんは魔法使いの卵なんですよ．

まどか(独り言)　私，魔女にはなりたくないよ….

でも，これからお話しするのは，あまりロジックを表に出さない作り方です．構成が具体的なので，できたものを扱うのも直観的でわかりやすいというメリットがあります．まず，アイデアを簡単に説明しておきましょう．もとの構造に対して，無限個のコピーというか，無限の直積構造を考えます．実数構造に対しては，収束するかしないかにかかわらず実数列の全体を考えます．そして，$\langle 0.1, 0.01, 0.001, 0.0001, \cdots\rangle$ が無限小を表すとすれば，$\langle 10, 100, 1000, 10000, \cdots\rangle$ はその逆数となる無限大になるでしょう．また，$\langle 0.1, -0.01, 0.001, -0.0001, \cdots\rangle$ も当然入っていますから，それが正か負かを何らかの基準で決めなければなりません．その判断のために，フィルター(濾過器)の概念を導入します．

以下では I を無限の添字集合とします．$I=\mathbb{N}$ でいいのですが，I は単に番号の集合であって，代数的構造をもつ $\mathbb{N}$ とは区別しておきます．また，$\mathcal{P}(I)$ で，I の部分集合全体を表します．

定義 1

$\mathcal{F}\subset\mathcal{P}(I)$ は，以下の性質を満たすとき(I 上の)**フィルター**であるという．

(1)　$\varnothing\notin\mathcal{F},\ I\in\mathcal{F}.$

(2)　$X\in\mathcal{F},\ X\subseteqq Y\subseteqq I\Longrightarrow Y\in\mathcal{F}.$

(3)　$X, Y\in\mathcal{F}\Longrightarrow X\cap Y\in\mathcal{F}.$

フィルターは，I の部分集合のうち，ある基準によって十分大きいと定めたものを集めた集合です．(2)の条件が一番基本的ですね．それによって，もしも $\varnothing\in\mathcal{F}$ ならば $\mathcal{F}=\mathcal{P}(I)$ になりますから，フィルターの機能が働かないことになります．逆に，$I\notin\mathcal{F}$ のときは $\mathcal{F}=\varnothing$ で何も通さないことになります．これらの場合を除くというのが，条件(1)です．最後に(3)が要注意です．これによって，例えば無限部分集合全体はフィルターになりません．というのは，I を2つの無限集合に分割すれば，その共通部分は空となり，それが属すると，(1)の条件に反します．しかし，補集合が有限であるような無限集合全体を考えれば3条件が満たされます．これを**フレシェ・フィルター**といいます．

春太(小声で) フレシェって新鮮って意味っすか？
秋介 数学者の名前だよ．

次に，超(ウルトラ)フィルターを定義します．

春太 じゃあ，ウルトラはウルトラマンっすね．
秋介 ….

定義 2

(I 上の)フィルター $\mathcal{U}$ が次の性質を満たすとき，**超(ウルトラ)フィルター**であるという：I の任意の部分集合 X について，X もしくはその補集合 $I-X$ が $\mathcal{U}$ に属する．

補題 3

どんなフィルター $\mathcal{F}$ も超フィルター $\mathcal{U}$ に拡大できる．

証明

与えられたフィルター $\mathcal{F}$ の拡大フィルターの全体を考えると，包含関係による鎖の和について閉じているから，ツォルンの補題が適用でき，極大なフィルター $\mathcal{U}$ の存在がいえる．これが超フィルターになる． □

いま $i \in I$ を固定し，I の部分集合で，i を含むものの全体 $\{X \subseteq I : i \in X\}$ を考えると，これは超フィルターになり，**単項(超)フィルター**と呼ばれます．しかし，このフィルターをもとに新しい世界を作っても，i 番目の構造だけに着目するのと同じになってしまい，超準モデルはできません．それで，**非単項超フィルター**を考える必要があります．

春太(小声で) 炭鉱マンの(防塵)フィルターとは関係なさそうっすけど．
レオ 単項は，1つの元で生成されていることを意味しているんだよ．大丈夫かい？

補題 4

$(I$ 上の$)$非単項超フィルター $\mathcal{U}$ が存在する.

証明

フレシェ・フィルター $\mathcal{F}$ を拡大した超フィルター $\mathcal{U}$ を作ると，それは非単項である．なぜなら，各 $i \in I$ に対し，$I - \{i\} \in \mathcal{F} \subseteqq \mathcal{U}$ だから，$\{i\} \notin \mathcal{U}$. □

以下では，I 上の非単項超フィルター $\mathcal{U}$ を任意に固定して，話を進めます.

定義 5

I から，空でない集合 A への関数全体を A^I で表す．A^I 上の 2 項関係 $\approx_{\mathcal{U}}$ を次のように定義する：

$$a \approx_{\mathcal{U}} b \Longleftrightarrow \{i \in I : a(i) = b(i)\} \in \mathcal{U}.$$

これは，a と b とが$(\mathcal{U}$ の基準で$)$十分多くの i について一致する，つまり両者が十分近いことを表しています．そして，$\approx_{\mathcal{U}}$ が同値関係であることも簡単にわかります.

つぎに，$\mathfrak{A} = (A, \mathsf{f}^{\mathfrak{A}}, \cdots, \mathrm{R}^{\mathfrak{A}}, \cdots)$ をある数学的構造(例：実数の構造)とします．そして，$\mathfrak{A}$ に関する論理式 $\varphi(x_1, \cdots, x_n)$ および $a_1, \cdots, a_n \in A^I$ に対して，

$$\|\varphi(a_1, \cdots, a_n)\| = \{i \in I : \mathfrak{A} \models \varphi(a_1(i), \cdots, a_n(i))\}$$

とおきます．すると，以下が成り立ちます.

補題 6

$a_1 \approx_{\mathcal{U}} b_1,\ \cdots,\ a_n \approx_{\mathcal{U}} b_n$ のとき，

$$\|\mathsf{f}(a_1, \cdots, a_n) = \mathsf{f}(b_1, \cdots, b_n)\| \in \mathcal{U},$$

$$\|\mathrm{R}(a_1, \cdots, a_n)\| \in \mathcal{U} \Longleftrightarrow \|\mathrm{R}(b_1, \cdots, b_n)\| \in \mathcal{U}.$$

証明

フィルターの条件(2), (3)と次のことによる.

$$\bigcap_{k \leqq n} \{i \in I : a_k(i) = b_k(i)\} \subseteqq \|\mathsf{f}(a_1, \cdots, a_n) = \mathsf{f}(b_1, \cdots, b_n)\|,$$

$$\bigcap_{k \leqq n} \{i \in I : a_k(i) = b_k(i)\} \cap \| \mathrm{R}(a_1, \cdots, a_n) \| \subseteq \| \mathrm{R}(b_1, \cdots, b_n) \|.$$ □

したがって，$\approx_{\mathcal{U}}$ は A^I 上の合同関係になります．すなわち，その同値類 $[a]$ 全体を $A^I/\approx_{\mathcal{U}}$ としたとき，その上の関数 f の値や関係 R の真偽は代表元の選び方によらず一意に定まります．このように定義される構造を $\mathfrak{A}$ の**超ベキ**(ウルトラ・パワー)とよび，$\mathfrak{A}^I/\mathcal{U}$ もしくは $^*\mathfrak{A}$ と書きます．すなわち，$^*\mathfrak{A}$ は $|^*\mathfrak{A}| = A^I/\approx_{\mathcal{U}}$ を領域として，$\mathfrak{A}$ と同じ言葉(関数 f, … や関係 R, …)をもつ構造です．そして，次の定理がいえるのです．

春太(独り言) ウルトラ・パワーか．オレも身につけたいっす．

定理 7(ウォッシュ)

任意の論理式 $\varphi(x_1, \cdots, x_n)$ と $a_1, \cdots, a_n \in A^I$ について，

$$\mathfrak{A}^I/\mathcal{U} \vDash \varphi([a_1], \cdots, [a_n]) \Longleftrightarrow \| \varphi(a_1, \cdots, a_n) \| \in \mathcal{U}.$$

証明

論理式の構成に関する帰納法によって証明される．とくに，否定の扱いについては，$\mathcal{U}$ の極大性から，

$$\| \neg\varphi \| \in \mathcal{U} \Longleftrightarrow \| \varphi \| \notin \mathcal{U}$$

に注意する． □

いま，$a \in A$ に対して，常に値 a をとる関数 $\lambda i.a \in A^I$ をとり，$^*a = [\lambda i.a] \in |^*\mathfrak{A}|$ とおきます．このとき，$e(a) = {}^*a$ で定まる関数 $e\colon A \to |^*\mathfrak{A}|$ を $\mathfrak{A}$ の $^*\mathfrak{A}$ への**自然な埋め込み**といい，$\mathfrak{A}$ は $^*\mathfrak{A}$ の部分構造とみなせます．これは，論理式の真偽を保存する初等的埋め込みになっています．すなわち，次のことがウォッシュの定理からいえるのです．任意の論理式 $\varphi(x_1, \cdots, x_n)$ と $a_1, \cdots, a_n \in A$ について，

$$^*\mathfrak{A} \vDash \varphi(^*a_1, \cdots, {}^*a_n) \Longleftrightarrow \mathfrak{A} \vDash \varphi(a_1, \cdots, a_n).$$

この事実は，**移行原理**と呼ばれています．

第3部

超準解析入門

超ベキを用いると，自然数，実数，関数空間などさまざまな構造に対して，それらを初等的部分構造として真に含む大きな構造(超準モデル)を作ることができます．そうして作られた実数の超準モデルは，無限大や無限小をわかりやすい要素として含んでいるので，無限小解析のモデルとして使っていて安心感があります．このモデルを使って，超準解析の入口を見てみましょう．

実数の標準モデル $\mathfrak{R}$ とその超準モデル ${}^*\mathfrak{R}$ の間には，初等的命題(1 階論理の論理式)に関する移行原理が成立しています．しかし，基本的な性質でも初等的に表現できないものがあるのです．例えば，アルキメデス性は初等的に表現できません．順序体 $\mathfrak{A}$ が，**アルキメデス的**であるとは，任意の正の元 $a, b \in \mathbb{A}$ に対し，十分大きな自然数 $n \in \mathbb{N}$ が存在して，$b < a+a+\cdots+a$ (n 個)となることです．

定理 8

${}^*\mathfrak{R}$ は，非アルキメデス順序体である．

証明

$\mathfrak{R}$ は順序体であり，“順序体である” ことは初等的に記述できる性質であるから，${}^*\mathfrak{R}$ も順序体である．次に，非アルキメデス性をいうために，$s = \langle 1, 2, 3, \cdots \rangle \in \mathbb{R}^I$ とし，$N = [s] \in \mathbb{R}^I/\approx_{\mathcal{U}} = |{}^*\mathfrak{R}|$ とおく．このとき，任意の自然数 $n \in \mathbb{N}$ に対して，$N > {}^*1 + {}^*1 + \cdots + {}^*1$ (n 個)となる．なぜなら，$\{i : s(i) > n\} \in \mathcal{U}$ だからである．

□

定義 9

$|{}^*\mathfrak{R}|$ の元 a が**無限大**であるとは，$\forall b \in \mathbb{R}\ (b < |a|)$ となることをいう．また，無限大でない元は**有限**であるという．$|{}^*\mathfrak{R}|$ の元 a が**無限小**であるとは，$\forall b \in \mathbb{R}\ (b > 0 \rightarrow |a| < b)$ となることをいう．

例えば，$N = [\langle 1, 2, 3, \cdots \rangle]$ は無限大で，$\dfrac{1}{N} = \left[\left\langle \dfrac{1}{1}, \dfrac{1}{2}, \dfrac{1}{3}, \cdots \right\rangle\right]$ は無限小です．

秋介 質問してもよろしいでしょうか．$[\langle 1, -1, 1, -1, \cdots \rangle]$ のような数は何を表しているのですか？

1か -1 になりますが，どちらになるかは $\mathcal{U}$ の取り方で決まります．どちらにすることも可能です．いい加減な感じがするかもしれませんが，$^*\mathfrak{R}$ の構成自体は数学の舞台裏の話で，$\langle 1,-1,1,-1,\cdots\rangle$ を直接扱うことは $^*\mathfrak{R}$ の議論ではないのです．

さて，ここで $a, b \in |^*\mathfrak{R}|$ に対し，

$a \approx b \Longleftrightarrow a-b$ は無限小

によって，同値関係 $\approx$ を定めましょう．この関係は，$+$ と・の演算を保存する合同関係になっています．

補題 10

有限実数 $a \in |^*\mathfrak{R}|$ に対し，$a \approx b$ となる $b \in \mathbb{R}$ がただ1つ存在する．

証明

$b = \inf\{x \in \mathbb{R} : a < x\}$ とおけばよい．一意性は明らか． □

上の補題で存在が示された b を，a の**標準部分**と呼び，$\mathrm{st}(a)$ で表します．容易にわかるように，$a-\mathrm{st}(a)$ は無限小です．したがって，すべての有限超実数 a は，標準実数 $\mathrm{st}(a)$ と無限小の和で一意に表せるのです．

補題 11

$s = \langle a_i \rangle \in \mathbb{R}^\omega$ かつ $\lim a_i = a$ ならば，$[s] \approx {}^*a$ である．

証明

任意の正数 $\varepsilon \in \mathbb{R}$ に対し，$\{i : |a_i - a| < \varepsilon\} \in \mathcal{U}$．よって，$[s] - {}^*a$ は無限小である． □

定義 12

$f : \mathbb{R} \to \mathbb{R}$ に対し，$^*f : |^*\mathfrak{R}| \to |^*\mathfrak{R}|$ を以下のように定める：各 $s \in \mathbb{R}^I$ に対して，

$^*f([s]) = [\lambda i. f(s(i))]$.

この定義が妥当であることは,

$$\|s=s'\|\in\mathcal{U}\Longrightarrow\|\lambda i.f(s(i))=\lambda i.f(s'(i))\|\in\mathcal{U}$$

から従います．また，$\mathfrak{R}\cup\{f\}=(\mathbb{R},f,+,\cdot,0,1,<)$ の超ベキを $^*\mathfrak{R}\cup\{^*f\}$ とする，と考えても同じ $^*f$ が得られます.

定理 13

$f:\mathbb{R}\to\mathbb{R}$ は $a\in\mathbb{R}$ で連続である $\Longleftrightarrow$ 任意の $x\approx a$ に対して，$^*f(x)\approx f(a)$.

証明

($\Longrightarrow$) $f:\mathbb{R}\to\mathbb{R}$ は $a\in\mathbb{R}$ で連続であるとし，$x=[\langle x_i\rangle]\approx a$ とする．正数 $\varepsilon\in\mathbb{R}$ を任意にとる．f の連続性から，ある正数 $\delta\in\mathbb{R}$ が存在して，

$$\forall y\in\mathbb{R}(|y-a|<\delta\to|f(y)-f(a)|<\varepsilon).$$

したがって,

$$\{i:|x_i-a|<\delta\}\subseteqq\{i:|f(x_i)-f(a)|<\varepsilon\}.$$

いま $x\approx a$ だから，$\{i:|x_i-a|<\delta\}\in\mathcal{U}$，よって $\{i:|f(x_i)-f(a)|<\varepsilon\}\in\mathcal{U}$ となる．すなわち，$^*f(x)=[\lambda i.f(x_i)]\approx f(a)$.

($\Longleftarrow$) f が $a\in\mathbb{R}$ で連続でないと仮定する．すなわち，ある正数 $\varepsilon\in\mathbb{R}$ が存在して，任意の $i\in\omega$ に対して,

$$|x_i-a|<\frac{1}{i+1}\wedge|f(x_i)-f(a)|\geqq\varepsilon$$

となる x_i が存在する．そこで，$x=[\langle x_i\rangle]$ とおけば，$x\approx a$ だが，$|^*f(x)-f(a)|\geqq\varepsilon$．すなわち，$^*f(x)\not\approx f(a)$ となる． □

この補題から，連続関数 $f:\mathbb{R}\to\mathbb{R}$ については，任意の $a\in|^*\mathfrak{R}|$ に対して,

$$\mathrm{st}(^*f(a))=f(\mathrm{st}(a))$$

となることがわかります.

$\mathfrak{R}$ 上の関係 $S\subseteqq\mathbb{R}^n$ も自然に $^*\mathfrak{R}$ の関係 $^*S$ に拡張できます．とくに，$^*\mathbb{N}$ や $^*\mathbb{Q}$ を $|^*\mathfrak{R}|$ の部分集合として考えることができ，$N=[\langle 1,2,3,\cdots\rangle]\in{}^*\mathbb{N}$ です.

いま，$^*\mathfrak{R}$ において，区間 $[0,1]$ の有限分割 $\left\{0,\frac{1}{N},\cdots,\frac{N-1}{N},\frac{N}{N}\right\}$ を考えましょう．$[0,1]$ の標準実数 a が与えられたとき，$\frac{i}{N}\leqq a<\frac{i+1}{N}$ となる $i\in{}^*\mathbb{N}$ をとれば，$a=\mathrm{st}\left(\frac{i}{N}\right)$ です．つまり，どんな標準実数も超準分数で表せるのです.

美蘭 質問します．各 $n\in\mathbb{N}$ について，$\dfrac{n}{N}$ が分点になっているから，この分割は有限でないと思います．そうすると，$\dfrac{i}{N}\leqq a<\dfrac{i+1}{N}$ となる i の存在もよくわかりません．

まどか(小声で) ミランちゃん，すごい度胸．

「有限」の意味も $^*\mathfrak{R}$ の中で解釈し直さなければいけません．$\mathbb{R}$ の「有限」集合が自然数 $n\in\mathbb{N}$ で数えられるように，$N\in{}^*\mathbb{N}$ で数えられる $^*\mathbb{R}$ の集合が $^*\mathfrak{R}$ の意味の「有限集合」です．これを「$*$有限」とか「ハイパー有限」と呼ぶこともあります．$^*\mathbb{N}$ については「$*$帰納法」が使えるので，そのような i の存在もいえます．

以上の考察に基づいて，解析学の多くの定理が超準解析の手法で証明できるのですが，ここでは2つだけ特徴的な例をあげましょう．

定理 14

連続関数 $f:[0,1]\to\mathbb{R}$ は，最大値を持つ．

証明

$^*\mathfrak{R}$ の中で，$*$有限集合 $\left\{{}^*f(0),{}^*f\left(\dfrac{1}{N}\right),\cdots,{}^*f\left(\dfrac{N-1}{N}\right),{}^*f\left(\dfrac{N}{N}\right)\right\}$ を考える．その最大値を ${}^*f\left(\dfrac{i}{N}\right)$ とすれば，関数 f は $x=\mathrm{st}\left(\dfrac{i}{N}\right)$ で最大値 $\mathrm{st}\left({}^*f\left(\dfrac{i}{N}\right)\right)$ をとる． □

次の定理は，証明のアイデアだけ述べます．

定理 15（ペアノ）

$f:[0,1]^2\to\mathbb{R}$ を任意の連続関数とする．このとき，次の微分方程式は解を持つ．

$$\frac{dy}{dx}=f(x,y),\qquad y(0)=0.$$

証明のアイデア

解のもとになる関数 $Y:\left\{0,\dfrac{1}{N},\cdots,\dfrac{N}{N}\right\}\to|{}^*\mathfrak{R}|$ を次のように帰納的に定義する．

$$Y\left(\frac{k}{N}\right)=\sum_{i=0}^{k-1}{}^{*}f\left(Y\left(\frac{i}{N}\right),\frac{i}{N}\right)\cdot\frac{1}{N}.$$

そして，$y\colon[0,1]\to\mathbb{R}$ を次のように定める．$[0,1]$ の標準実数 a が与えられたとき，$\dfrac{k}{N}\leqq a\leqq\dfrac{k+1}{N}$ となる $k\in{}^{*}\mathbb{N}$ をとり，$y(a)=\mathrm{st}\left(Y\left(\dfrac{k}{N}\right)\right)$ とする． □

おやおや，大分時間を超過しているようですね．最後に何か短い質問はございますか？

U矢 恐れながら，超準解析なるものは，無限小を含んだ模型などを用意し，普通に数学をやる以上に余計なものを構成しているのではござらぬか．例えば，不必要に選択公理など使っておられぬか？

最等先生 いい質問です．私もどれだけ弱い条件でどれだけのことが言えるかということに興味があって，昔そのことを本の最後に書いておいたら，それをしっかり研究してくれたのが学園長です．ぜひ，後で学園長に聞いてください．

学園長 最後は，私の研究にまで触れていただき，ありがとうございました．では，皆さん，モナド先生にお礼の拍手をお願いします．（拍手）

カンディード

週末は入門生たちとみんなで海を見に行こうかなと考えていたのだけど，突然さくらさんが学園に来なくなってしまったので，彼女が働いているという純喫茶カンディードを訪ねることにした．大勢で押し掛けても迷惑になると思い，美蘭とまどかの２人だけを連れて行くことにした．

この店の前身はバッハなどのレコード音楽をリクエストで聴かせる，いわゆるバロック喫茶だったそうだが，オーナーが変わっていまは普通の喫茶店ふうにリモデルされている．カンディードという名はバーンスタインのミュージカル『キャンディード』からとったのだろうか．僕だったら同じ作曲家でも『ウエストサイド物語』にしておく．それにしても，地下壕のような密室で音楽を楽しむなんて僕には無理だ．

階段を降りて店のドアをあけると，生気のない人影がまばらに見えた．煙草の煙が鼻をつき思わず後ろを振り返ると，同伴者たちは探し人の姿を発見したらしく小走りで僕の横をすり抜けた．

まどか さくらちゃん!!

さくら いきなりたまげたなあ．

まどか メイドさんのお洋服とか着てないんだね．

さくら そういうお店じゃないからさぁ．

美蘭 さくらさんがいなくなって，学園のみんな寂しがっているのよ．それにしても，昨日の超準解析の講演は聞かせてあげたかったなあ．モナドとかギャラクシーとか．

さくら まんず面白そうだっちゃ．

奥からマスターらしき男がぬうっと顔を出した．

マスター みなさんは「雲の上のカッコー楽園」の人ですかな？

さくら それはアリストファネスの古典劇ねぇすか．

マスター おおっ，さすがお嬢様．「カッコー」か「ぶカッコー」かは知りませぬが，お嬢様のような才女が関わるところではございますまい．

美蘭「山の上のロジック学園」には世界中から優秀な人たちが集まっているのですよ．すみませんが，お店の人ですか？

マスター ああ．俺の名前は…(壁に貼られた手書きメニューの「イチゴパフェ」の文字を見ながら)苺畑三十郎．もうそろそろ四十郎だがな．

レオ ぷっ，用心棒ですか．U 矢といい勝負だな．

まどか お店にキャンディという名前を付けるなら，もっと明るくポップな雰囲気にしてほしいと思ったりします．

マスター うつけ者め．カンディードでござる．で，その物語はご存じかな．ツンデル男爵の城を追放された純朴なカンディード君が数々の不条理な試練を受けて真実を見出すのでござる．神様がすべてを最善に整えてくれるわけではないから，自分で庭を耕さなければならないとな．

美蘭 ツンデレ？

まどか イミワカンナイ！

マスター これは相すまぬ．英語でいうところのサンダーつまり雷だ．カッコー楽園にしろ，ツンデル城にしろ，ガリバーのラピュータ島にしろ，みんな狂ったユートピアだ．そもそもユートピアは「どこにもない(ウ・トポ)」という意味なんだから，存在したら矛盾するんじゃないのかね．優秀な学徒諸君．

レオ Não(ナウン)，não penso assim(ナウン・ペンソ・アシン)(そうは思いません)．名乗るのが遅れましたが，チューターのレオと言います．どこにもないものでも僕たちは創ることができるじゃないですか．18 世紀のスウィフト(ガリバーの著者)の時代には宇宙ステーションはどこにもなかった．また物理的に存在しなくても，自然数の集合 $\mathbb{N}$ などは数学的実体として認識できます．さらにロジックの話を持ち出せば，無限大や無限小が存在する数学の宇宙だって僕たちは構成できるのですよ．どうですか，マスター．一緒にロジックの勉強をしませんか？

マスター それを言っちゃあ，おしまいよ．とっとと帰(け)えってくんな．

レオ いや，僕はロジックの押し売りに来たわけではありません．さくらさんのロジックの勉強を止めているのはあなたですか？

マスター 失敬な．私がお嬢様を止めるなんて．ご自身でロジックが役に立たないとお気付きになられたのでしょう．

まどか さくらちゃん，本当？

さくら ….

レオ 学園のロジックが，さくらさんの期待しているものと違ったということですか？

さくら 期待以上に素晴らしかったのっしゃ．だから，これ以上続けると，自分の世界が壊れてしまいそうで，それに….

レオ 無理強いはしませんよ．いずれわかってもらえると信じています．

美蘭 さくらさん，U矢君とはどんな関係？

さくら どんなって言われても….

マスター ひょっとして，お嬢様はあいつが学園に行くと言っていたので怖れていらっしゃったのですか？　この間うちに来たときはお嬢様を許嫁（いいなずけ）のように扱ったりして，まったく失礼千万な輩（やから）だ．今度会ったら刺身にしてやる！

まどか 怖いよ．嫌だよ．探せばきっと仲良くする方法だってあると思うの．

レオ マスター，どうやら僕らは敵ではないらしい．だったら，もしもさくらさんがまた学園に行く気になったときには，お店が不便になるかもしれないけど協力してあげてほしいんだ．

マスター わかってるよ．でも，お嬢様にはお父上の塾を継いでもらわないと….

美蘭 塾？

そのとき，常連らしき数名の集団が入ってきた．

常連客A マスター，いつものコーヒーをくれ．あれぇ，見かけねえ奴らがいるな．

レオ ええっと…僕たち，そろそろ退散します．さくらさん，いつでも戻ってきてくださいね．

常連客B こいつ，姫に馴れ馴れしくしやがって！ おととい来やがれ！

美蘭 さくらさんもマスターもお元気で．

マスター あばよ．

何も注文せず店を出てしまった僕たちは，アーケード街のカフェに入って少し気持ちを落ち着けることにした．

レオ 今日は2人とも付き合ってくれてありがとう．さくらさんが元気そうだったのでほっとしたよ．

まどか さくらちゃん，きっとすぐ戻ってくるわ．私そう感じる．

美蘭 我也有同感（ウオイエヨウトオンガン）！ でも，U矢さんが…．

第1週のまとめ

いまやっと前半1週間分の記録が完成した．ここでは前半の講義の要点をまとめておこう．

2月28日(月) 授業1日目 等式のロジック

ロジックにおいて一番大切なことは「意味」と「形式」の区別である．そして，これらを結び付けるのが**完全性定理**だった．

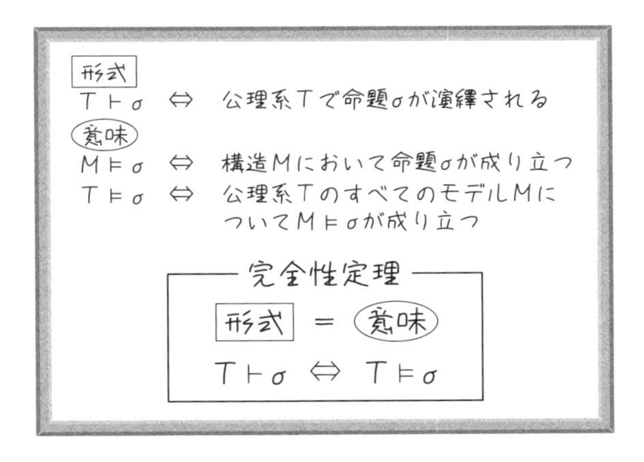

等式理論 T における**証明**は，T の公理と同一律を最上段とし，上から下へ4つの規則(推移・対称・代入・合成)を適用して得られる木であり，その根元が**定理**である．

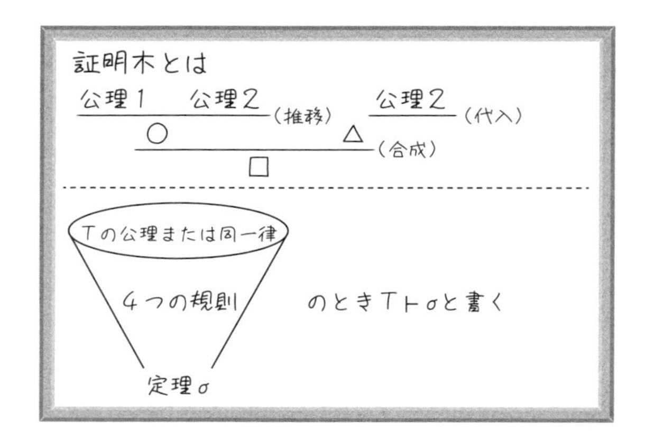

3月1日(火) 授業2日目 等式理論とブール代数

理論 T で等式 σ が成り立つという「意味」は，T のどんなモデル(その公理を満たす数学的構造)においても σ が成り立つことである．σ の証明木が存在すれば，その木に現れるすべての等式(とくに定理)が T のモデルで成り立つことが，木を上から調べていけばわかる．逆に，σ が理論 T で証明されないとして，σ を成り立たせない T のモデルが存在することを言う．最初に，σ に含まれる各変数 x を不定元(定数) c_x とみなし，ほかに変数を含まない項の全体を考え，T による等式で同値類をとって構造を定義する．それは $\{c_x\}$ で生成される T の「自由代数」であり，σ を成り立たせない T のモデルである．

ブール代数BAの場合，例えば3つの変数(不定元)で生成される自由ブール代数の各要素は「積和標準形」(各変数またはその否定を $\wedge$ でつないだ基本積のいくつかを $\vee$ でつないだもの)で一意に表せるので，ちょうど 2^{2^3} 個ある．

3月2日(水) 授業3日目 命題論理

命題論理の意味世界は1,0だけの自明なブール代数であるが，重要なのは原子命題への真理値割り当てだ．理論 T のすべての命題を真にする真理値割り当てが常に命題 A も真にするときに，A は T で**恒真である**といい，$T \vDash A$ と書く．この関係が比較的簡単な公理と仮言三段論法(モダスポネンス)からなる形式演繹体系($T \vdash A$)として得られるというのが，**命題論理の完全性定理**である．

3月3日(木) 授業4日目 1階論理

数学のあらゆる論証を形式化しようとしたフレーゲの体系から，一つの数学的構造を記述するための仕組みを抜き出したのが**1階論理**である．これは大雑把に言えば，等式理論と命題論理に量化記号の扱いを加えたものである．ヒルベルトは1階論理の形式体系を定式化して，その証明可能性と恒真性が一致するかという問題を提起した．**ゲーデル-ヘンキンの完全性定理**はこれに肯定的に答えたもので，その証明法はモデル構成の基本技法になった．

1階論理の形式体系

公理

命題論理
- P1：$\varphi \to (\psi \to \varphi)$
- P2：$(\varphi \to (\psi \to \theta)) \to ((\varphi \to \psi) \to (\varphi \to \theta))$
- P3：$(\neg \psi \to \neg \varphi) \to (\varphi \to \psi)$

量化記号
- P4：$\forall x \varphi(x) \to \varphi(t)$

等号公理
- P5：$x = x$
- P6：$x = y \to (\varphi(x) \to \varphi(y))$

推論

カット：$\dfrac{\varphi \quad \varphi \to \psi}{\psi}$　全称化：$\dfrac{\psi \to \theta(x)}{\psi \to \forall x \theta(x)}$

ただしψはxを自由に含まない

3月4日(金) 授業5日目 計算のロジック

チューリングマシンを使ってインプットとアウトプットの関係として実現できる関数を**計算可能な(部分)関数**と呼ぶ．ここでは自然数(の組)から自然数への数論的関数を扱うが，計算が停止しない(暴走する)場合に対応すべく，定義域が自然数全体にならない部分関数を認めておくのが便利である．計算可能な部分関数は，そのプログラムによって自然数コードを割り振ることができ，コードeの部分関数を$\{e\}(x)$で表す．

集合が**計算的に枚挙可能**(CE)であるとは，計算可能な部分関数の定義域となることである．それ自身もその補集合もCEである集合は**計算可能**あるいは**決定**

可能と呼ばれる．$K = \{e : e \in \mathrm{dom}(\{e\})\}$ は計算可能でない CE 集合である．この事実は，ゲーデルの第一不完全性定理と密接な関係をもつ．

3月5日(土) 特別講義 超準解析

最等（かなめひとし）先生による超準解析の集中講義．無限大や無限小を含んだハイパー実数の世界を創造し，現実の世界とトランスファーしながら解析学を展開する．

第一不完全性定理

授業第1週の最終日に，さくらさんが欠席し，U矢君が登場したことで，クラスの雰囲気が変わりはじめた．しかし，その変化の根底には大災害の前兆とこの町の歴史が関わっていて，延てはそれがロジック学園の存続を揺るがすものになろうとは，この時点では想像もできなかった．

6日(日)，僕は学園の先輩十力(じゅうりき)氏を訪ねることにした．地元出身の彼は僕より2つ上で，いまは地元の新聞社に勤め，町の歴史に明るかったからだ．彼の話によると，さくらさんの先祖は藩祖と血縁関係にあり，代々藩の学問所「太白明倫館」の学頭をされていたそうだ．明治に入ってからは学術出版物を中心とする印刷会社を運営するようになり，その傍ら有志を集めて「太白塾」を組織し，いまも町の文化事業の指導などをしているという．さくらさんは，お父さんの社会活動や自分の置かれた立場をどう受け止めているのだろうか．

しかし，問題はU矢君の方だ．これも聞くところでは，藩の隠密軍団「黒巾(こくきん)組」の頭領の子孫だという．じつはこの町にはたくさんの間者(かんじゃ)伝説があり，目抜きの辻に有勲の間者の名前が付けられているほどだ．U矢の一族が営んでいる「黒巾興信所」では，いまも危険な探偵仕事をいろいろ請け合っているらしい．じつは，U矢君には幼い頃さくらさんと仲良しだった双子の姉がいたらしいのだが，一家で不幸な事故に巻き込まれ，姉だけが亡くなったという．それで，U矢のさくらさんへの想いもやっとわかった気がする．

3月7日(月)．朝から天気が悪かったので，僕は自転車通学をあきらめて，近くのバス停に向かった．少し遅れて来たバスに乗り込むと，4名の入門生が固まって座っていた．春太がすぐに声をかけてきた．

春太　オイ！

レオ　今日は君からブラジルの挨拶かい?!

秋介　ブラジル風に応えてあげたら．

レオ じゃあ，Olá(オラ)!

まどか しんちゃんみたい．

美蘭 蠟筆小新(ラービイシヤオシン)は中国でもとても有名ですよ．しんちゃんのお母さんの名前を知っていますか？

まどか みさえさんだったかな．

美蘭 中国では，美伢(メイヤー)っていうんです．だから…？

まどか わかったよ，ミランちゃん．

レオ じゃあみんな，E ai(イ・アイ)?(元気か)

春太 イェーイ！

秋介 ハハハ．訳のわからん挨拶だな．

バスが学園前に着くと，僕らは急いで教室に向かい，身支度をして授業の開始を待った．間もなくして，学園長が現れた．

第1時限

定理の概要

先生 みなさん，お早うございます．今日はU矢君も来てくれましたね．

U矢 よろしくお願い致す．

春太(後ろを振り返って) びっくりした．お前，いつ来たんだよ．黒ずくめはやめてほしいっす．

まどか 忍者かスパイみたいでカッコいいよ．

春太 せっかく，不完全性定理の完全制覇を目指しているんだから，モチベーション下げるなってこと．

先生 では，まずゲーデルの原論文についてですが，いつ頃書かれたものか知っていますか？

春太 うちの爺っちゃんが生まれた午(うま)年の昭和5年(1930年)に書かれて，婆っちゃんが生まれた未(ひつじ)年の昭和6年に出版されたんすよ．オレ，不完全性定理の孫みたいだな．

秋介 そんな昔の論文なのに未だに解読できないほど難しいのでしょうか？

先生 80年前とはいえ研究論文ですから，ロジックと数学の予備知識がないと読むのは難しいです．でも，今は数学基礎論の入り口にすぎませんよ．

秋介 では，この定理が難しいと言われているのは一般向けの解説がなかったからでしょうか．

先生 そんなことはありません．1934年に出版された岩波講座『数学基礎論』(黒田成勝(しげかつ)著)には，不完全性定理の証明がもう解説されています．ちなみに，あとがきにはこんな言葉が書かれていますよ．

> 数学基礎論は，“ほととぎす”は鳴きかけている．折角ここまで育ったものを“鳴かなけりゃ殺してしまえ”は短気である．と云っても“ゲッチンゲンで鳴くのを待とう”は腑甲斐ない．“鳴かせて見しょう”と秀吉の勇を起こされる読者があれば筆者の微意は酬いられたのである．

秋介 第二次大戦前には，世界最先端の数学基礎論が日本に入っていたのですね．

美蘭 それから半世紀くらい日本の基礎論は鎖国状態にあったのでしょうか？

先生 その指摘は当たっているのかもしれません．ゲーデルに続くチューリングの仕事が端的に示すように，不完全性定理は電子計算機の開発などと深く関わっています．欧米では計算機といえば第一に軍事研究でしたから，大戦中はもちろん，戦後も長く日本は蚊帳の外に置かれたわけです．ひょっとすると，中国のホトトギスの方が，日本より早く鳴いていたのかもしれません．というのは，ゲーデルととても親しかった王浩(ワンハオ)先生が新しい情報を中国の研究者に伝えていたからです．

美蘭 そうなのですか．でも，中国でもこの分野の研究者は少ないです．

レオ ゲーデルの定理の受けとめ方は，国によってかなり違いがあるようです．日本では，ヒルベルトの(無矛盾性)プログラムとの関連において思想的に語られることが多かったそうですね．

先生 はい．しかし，重要なのは「決定問題」の視点です．決定問題というのは，命題(とくに1階論理式)の真偽を機械的に判定する方法を求める問題で，ヒルベルトはそれを「数理論理学の主問題(Hauptproblem)」と呼びました．ゲーデルの論文は，その題名を「『プリンキピア・マテマティカ』およびその関連体系における形式的決定不能命題についてI」といいます．つまり，決定問題が当時の代表的な形式体系では解決し得ないことを示すのが目的だったのです．そして，5年後のチューリングの論文『計算可能な数について，決定問題への応用』になると，決定問題はどんな計算手段でも解けないことが示されます．

まどか 不完全性定理は本当は「決定不能性定理」だったんだ？

先生 そう言ってもいいと思います．ゲーデルはこの論文の後も決定問題の研究を続けていますし，同じ頃ケンブリッジのラムジー(26歳で夭折)なども決定問題を解くためにいわゆるラムジーの定理を発見しました．王浩先生も，決定問題の周辺でたくさんいい仕事をされていますよ．

レオ ラムジーの定理は決定問題の手段だったのですね．とすると，後にパリスとハーリントンがラムジーの定理から新しい独立命題を創ったのも頷けます．

先生 決定問題が形式体系では解決できないということは，形式体系には必ず証明も反証もできない命題があるということで，結局どの体系も不完全ということですね．これが「第一不完全性定理」です．

　まず，ゲーデルがどうやって証明したか，簡単に見ておきましょう．最初に1つ注意しておくと，ここで扱う命題は自然数に関するものだけだということです．ゲーデルの決定不能命題 G も自然数に関する命題として作られ，**ゲーデル文**と呼ばれています．では，その作り方を見ていきましょう．自然数の変数 x に関する論理式を並べ挙げます．記号の種類が有限個(あるいは可算無限個)であれば，その有限列としての論理式も可算で，$\varphi_1(x), \varphi_2(x), \varphi_3(x), \cdots$ と並べ挙げられます．次に「$\varphi_x(x)$ は証明不可能である」という意味の論理式 $K(x)$ を考えます．例えば $\varphi_1(x)$ が「x が偶数である」とすると，$\varphi_1(1)$ は「1は偶数である」になります．そして，「$\varphi_1(1)$ は証明不可能である」というのは，「「1は偶数である」が証明できない」ということですから，

第一不完全性定理の証明の概要

自然数の変数xを持つ論理式を並べあげる：

$$\varphi_1(x), \varphi_2(x), \cdots, \varphi_n(x), \cdots$$

「$\varphi_x(x)$は証明不可能である」という論理式$K(x)$を考えると，これも上のリストに現れる．すなわち，あるkが存在して，

$$\varphi_k(x) \equiv K(x)$$

論理式$K(x)$の変数xにkを代入して，文$G := K(k)$を定義すると，これは「$\varphi_k(k)$は証明不可能である」を意味する．すなわち，Gは「Gは証明不可能である」と同値である．

$K(1)$は正しそうな主張です．次に，$\varphi_2(x)$が「xが正である」ならば，$\varphi_2(2)$は「2は正である」ですから，$K(2)$は「「2は正である」は証明不可能である」という主張となり，これは正しくなさそうですね．

このように定義される論理式$K(x)$もxについての論理式なので，上のリストのどこかに現れるはずです．つまり，あるkが存在して，$K(x) \equiv \varphi_k(x)$となります．このxのところにkを代入した論理式$K(k)$つまり$\varphi_k(k)$が，ゲーデル文Gです．すると，Gは「$\varphi_k(k)$は証明不可能である」を意味し，$\varphi_k(k)$はGそのものですから，結局「自分は証明不可能である」という意味になります．

次に，ゲーデル文Gが決定不能であることを示しましょう．なお，ここで扱う体系は健全なもの，つまり偽なる文を証明しないとしておきます．

健全な体系において，

Gが証明可能 $\Longrightarrow$ Gは真
$\Longrightarrow$ Gは証明不可能 $\Longrightarrow$ 矛盾，

$\neg G$が証明可能 $\Longrightarrow$ $\neg G$が真
$\Longrightarrow$ Gは証明可能 $\Longrightarrow$ 体系が矛盾．

$\therefore$ Gと$\neg G$はどちらも証明不可能である．

春太 すげぇ簡単っすね.

美蘭 ゲーデル文 G が証明可能ならば矛盾が生じて，$\neg G$ が証明可能ならば体系が矛盾するというのでは，2つの矛盾は種類が違うと，さくらさんならいいそうですね.

先生 鋭い考察です．それと関連しますが，証明の最初のステップで用いる健全性も G と $\neg G$ に対する適用では少し質が違います．これらについてはまた後で考えましょう.

春太 あえて話を複雑にしなくても，これで証明は完成じゃないっすか？

先生 いや，これではまだ証明とはいえないのです．例えば上の議論では，論理式 $K(x)$ を「$\varphi_x(x)$ は証明不可能である」と定義しましたが，もっと単純に $J(x) \equiv \neg\varphi_x(x)$ となる論理式 $J(x)$ を定義したらどうでしょうか？

美蘭 同様な議論で $G' \leftrightarrow \neg G'$ となる G' が得られ，論理が破綻しそうです.

まどか これって「ウソつきのパラドクス」かな.

春太 サクラッチなら「うそこぎのパラドクス」というだろうな.

先生 これはパラドクスで，不完全性定理は定理．どこが違うでしょう？

秋介 $G' \leftrightarrow \neg G'$ となる G' があったとしたら，それは真であれば偽になり，偽であれば真になるのですから，2値論理の世界は崩壊しますよ.

美蘭 こんな簡単にストア派の世界観が壊れたら，さくらさん可哀想.

秋介 ゲーデル文 G は「自分は証明不可能である」という主張で，そのとおりだから真になるだけだと思います.

U矢 うむ，これは異なこと．早々にご教示いただきたい.

先生 ではご説明しましょう．$J(x) \equiv \neg\varphi_x(x)$ は定義にならないのです．右辺は x ごとに変わる論理式であり，1つの論理式でないことに注意してください．他方，「$\varphi_x(x)$ は証明不可能である」という主張において，「…は証明不可能である」は1つの論理式で表すことができ，$\varphi_x(x)$ をコード x で扱えば，$K(x)$ は1つの論理式で定義できるのです．もちろん，それが定義できることを示さなければ証明にはなりません．対して，$\varphi_x(x)$ 自体は「$\varphi_x(x)$ は真である」とみなしたとしても，「…は真である」が1つの論理式で表せない(「タルスキの定理」)ので，“$J(x)$” は定義できません．

U矢 うむ．左様であったか．

第2時限

論理式の階層

秋介 前の時間で示されたことは，特定の体系において証明も反証もできない命題があることだけで，決定できない命題が構成されたわけではないと思います．

先生 その感覚は現代的には正しいのです．でも，当時は，形式体系が何であるかさえ定かでありませんでした．今日でこそ，ペアノ算術 PA をはじめ，さまざまな形式体系が認知されていますが，その頃は『プリンキピア・マテマティカ』のような高階論理体系が主流で，それは算術に特化したものではなく，しかも建設途中の巨大体系でしたから，不完全であることはほぼ自明でした．つまり，ゲーデルが示したことは，どんな巨大体系を作ろうが，それですべての自然数命題を決定することはできないということで，彼の議論を効果的に述べるためにペアノ算術が整備されたのです．

春太 歴史の話はどっちでもいいから，早く不完全性定理を解説してほしいっす．

先生 ではまず，1階算術の形式体系を導入しましょう．1階算術の言語 $\mathscr{L}_{\mathrm{A}}$ は，(論理記号のほか)以下の記号から成ります．

定数 0，後者記号 S ($\mathrm{S}(n) = n+1$ を表す)，

演算記号 $+, \cdot$，等号 $=$，不等号 $<$.

これらの記号を使って，算術の論理式が定義され，形式体系が導入されます．

ペアノ算術 PA は，後者関数の基本的な性質，足し算と掛け算と不等号の再帰的定義，そして帰納法からなる体系です．

ペアノ算術PAは，等号を含む1階論理の上で，次の8つの公理と帰納法図式Indからなる．

$\neg(S(x)=0)$，　$S(x)=S(y)\to x=y$，

$x+0=x$，　$x+S(y)=S(x+y)$，

$x\cdot 0=0$，　$x\cdot S(y)=x\cdot y+x$，

$\neg(x<0)$，　$x<S(y)\leftrightarrow x<y\vee x=y$，

Ind：$\varphi(0)\wedge\forall x(\varphi(x)\to\varphi(S(x)))\to\forall x\varphi(x)$．

この体系では自然数 $0, 1, 2, 3, \cdots$ を次の記号列(項)によって表します．

$$0,\quad S(0),\quad S(S(0)),\quad S(S(S(0))),\quad \cdots$$

これらを「数項」と呼び，自然数 n に対応する数項を $\overline{n}$ と書くことにします．すると，例えば指数関数 $x^y=z$ に対しては，次のようなPAの論理式 $\xi(x,y,z)$ が存在します：任意の自然数 m,n,k に対して，

$$m^n=k\Longleftrightarrow\xi(\overline{m},\overline{n},\overline{k}).$$

さらに，この論理式 $\xi(x,y,z)$ がある特殊な形(Δ_1)になることに着目すれば，

$$m^n=k\Longleftrightarrow \mathrm{PA}\vdash\xi(\overline{m},\overline{n},\overline{k}).$$

となるのです．これを厳密かつ一般的に述べると後述の表現定理になります．

その前に，論理式の階層を定義します．

$\forall x<t$ または $\exists x<t$（t は x を含まない項）の形の量化記号は**有界**であるという．これらは，$\forall x(x<t\to\cdots)$ または $\exists x(x<t\wedge\cdots)$ の略記．

論理式が**有界**であるとは，含まれる量化記号がすべて有界のときをいう．

φ が有界であるとき，$\exists x_1\exists x_2\cdots\exists x_k\varphi$ を Σ_1 論理式とよび，$\forall x_1\forall x_2\cdots\forall x_k\varphi$ を Π_1 論理式とよぶ．

さらに，φ が Π_1 論理式のとき，$\exists y_1\exists y_2\cdots\exists y_l\varphi$ を Σ_2 論理式とよぶ．φ が Σ_1 論理式のとき，$\forall y_1\forall y_2\cdots\forall y_l\varphi$ を Π_2 論理式とよぶ．同様に Σ_n，Π_n なども定義される．

例えば，$\varphi(x)$ を有界な論理式として，それを満たす x が無限個存在するという主張はどんな階層の式になりますか，春太さん．

春太 ええっと．無限個存在するというのは，どんなにも大きな数があるということだから，$\forall x \exists y > x\, \varphi(y)$ でいいっしょ．そうすると，Π_1 論理式っすか．

先生 論理式の形は正しいのですが，これは Π_2 論理式です．$\exists y > x$ は，有界な量化記号ではありませんよ．でも絶対に Π_1 で表せないとも言えない．例えば $\varphi(x)$ が2進木を表す場合には，$\varphi(x)$ を満たす頂点 x が無限個あるというのは，任意の長さの枝が存在することを言えばよく，それは Π_1 でも書けます．

まどか そうしたら，どんな証明可能な命題も $0=0$ と同値になるし，反証可能な命題は $0=1$ と同値になって，どちらも有界論理式じゃないかなって．

先生 いい着眼点です．

U矢 解せぬな！ ある予想が証明されたら，$0=0$ と同値になるというなら，証明しても意味がないではござらぬか？ このような戯けた定義は無用でござる．

先生 まあ落ち着いてください．例えば，リーマン予想は Π_1 論理式と同値になることが知られていますが，それは簡単な事実ではありません．予想解決につながるかどうかは別にして，Π_1 まで階層を落とすことで，論理的には簡単化されたといえるでしょう．

まどか $\mathrm{P} =? \mathrm{NP}$ 問題の複雑さはどうなるかと思って．

先生 これは Π_2 論理式で表せますが，それより簡単な同値式は知られていません．ところで，自然数の集合が計算的枚挙可能(CE)であることと，Σ_1 論理式 $\varphi(x)$ が存在して，$\{n : \varphi(n)\}$ と記述できることは一致します．したがって，決定可能(計算可能)集合は Σ_1 論理式でも Π_1 論理式でも記述でき，しばしば Δ_1 とも呼ばれます．

算術体系の話に戻りますが，PAには多くのバリエーションがあります．代表的な部分体系は，帰納法 Ind の論理式 $\varphi(x)$ を Σ_1 論理式に制限した公理系 $\mathrm{I}\Sigma_1$ です．さらに，Ind を完全に取り除き，代わりに次の公理を加えた体系を**ロビンソン算術** Q といいます．

$$\forall x(x \neq 0 \rightarrow \exists y(x = S(y)))$$

数学帰納法がないので，すべての x について何かの性質(例：$\forall x(x+0 = 0+x)$)を示すことは大概できません．しかし，自由変数を含んでいない有界論理式については，真であれば証明でき，偽であればその否定が証明できることが，論理式の構成に関するメタ帰納法で示せるのです．さらに驚くことに，真なる Σ_1 文はすべて Q で証明可能になり，これを Q の「Σ_1 完全性」といいます．証明は意外に簡単です．Σ_1 論理式 $\exists x_1 \exists x_2 \cdots \exists x_k \varphi(x_1, x_2, \cdots, x_k)$ が真であれば，具体的な数 $n_1, n_2, \cdots, n_k$ が存在して，$\varphi(\overline{n_1}, \overline{n_2}, \cdots, \overline{n_k})$ は真です．この有界な論理式に含まれる有界量化は消去できます．例えば，$\forall x < t(\overline{n})\varphi(x) \equiv \varphi(\overline{0}) \land \varphi(\overline{1}) \land \cdots \land \varphi(\overline{t(n)-1})$ です．従って，$\varphi(\overline{n_1}, \cdots, \overline{n_k})$ は数項間の等号と不等号のブール結合で表わされ，真であれば証明可能です．あとは 1 階論理の法則から，$\exists x_1 \exists x_2 \cdots \exists x_k \varphi(x_1, x_2, \cdots, x_k)$ も証明可能になります．以下では，算術の体系はすべて Q を包含していることが仮定され，従って Σ_1 完全になっています．

美蘭 Σ_1 完全であれば，Σ_1 論理式に関する帰納法は不要ではありませんか？

先生 Σ_1 論理式に関する帰納法は Σ_1 で表現できません．面白いことに，Σ_1 帰納法と Π_1 帰納法は同値になります．

U 矢 だが $\forall x(x+0 = 0+x)$ 程度は帰納法なしに認めても良いのではないか？

先生 帰納法なしにこれが証明される体系もありますが，別の機会に話しましょう．

お昼時間．天気が悪かったので，みんなと一緒に教室でお弁当を食べることにした．U 矢にも声をかけようしたが，彼の姿はもうなかった．

第 3 時限

定理の詳細

春太（後ろの U 矢を振り返って）　お前，帰ってきたときは，「ただいま」とかいえよ．

先生 さて不完全性定理において，算術体系に課せられる最重要な性質は「無矛盾性」です．ただ，ゲーデルは，それより少し強い概念を用いました，体系 T が「ω 無矛盾」であるとは，次のように定義されます．

「すべての自然数 n について $\varphi(\overline{n})$ が T で証明できる」とき，
「$\exists x \neg\varphi(x)$ は T で証明できない」．

U 矢 前提が成り立つなら，当然 $\forall x\varphi(x)$ も証明できるとして良かろう．さすれば，結論は無矛盾性から明らかではござらぬか？

先生 前提から $\forall x\varphi(x)$ を導く一般規則を，ω 規則といい，PA などでは使えない推論です．「ω 無矛盾性」は，無矛盾性よりも真に強い主張なのです．

不完全性定理の証明で使われる ω 無矛盾性は，この $\varphi(x)$ が Δ_1 (Σ_1 かつ Π_1)の場合だけなので，そのように制限された ω 無矛盾性を**1無矛盾性**ともよびます．それでも，無矛盾性より強い概念です．また，証明可能な Σ_n 文がすべて真となる体系 T は Σ_n **健全**であるといいます．すると，次のことが言えますので，演習問題にしておきましょう．

問題1

（1）Σ_1 完全な理論において，1無矛盾性と Σ_1 健全性が一致することを示せ．

（2）ω 無矛盾性から Π_3 健全性は導けるが，Σ_3 健全性は導けないことを示せ．

ゲーデルが導入した重要なテクニックの1つにいわゆる**ゲーデル数**があります．$\mathscr{L}_{\mathrm{A}}$ の記号列 σ に適当に自然数 $\ulcorner\sigma\urcorner$ を割り振り，σ が「項」であるとか，「論理式」であるというようなメタ数学的概念を，自然数 $\ulcorner\sigma\urcorner$ の述語として表すのです．このとき，ほとんど述語は計算可能，つまり Δ_1 にできます．しかし，すべてではありません．例えば，σ が「証明可能である」は Δ_1 でなく，Σ_1 です．ゲーデルの原論文では，45個の Δ_1 論理式を定義したあと，46番目にこの Σ_1 論理式を定義しています．ロジックにおける基本的な概念をひとつひとつ算術的に表現していくのはとても時間がかかりますから，今回は省略しますが，大切なのはそれらが計算可能であるという感覚です．

春太　大丈夫．メタ数学的概念のほとんどが原始再帰法で定義できることは常識っす．

先生　それは良かった．ともあれ Δ_1 で定義できる概念は Σ_1 完全な形式体系でうまく扱えます．それが次の表現定理です．

数論的関数 $f: \mathbb{N} \to \mathbb{N}$ が T において**数項別に表現可能**であるとは，ある論理式 $\varphi(x,y)$ が存在し，$f(m)=n$ となるすべての自然数 m,n に対して，

$$T \vdash \varphi(\bar{m},\bar{n}) \land \forall y(\varphi(\bar{m},y) \to y=\bar{n})$$

が成り立つことである．

表現定理　任意の計算可能関数は，Q を含む体系 T において**数項別に表現可能**である．

$f(m) = n$ と $T \vdash \varphi(\overline{m}, \overline{n})$ の同値性だけなら，計算可能関数のグラフが Δ_1 になることから，Σ_1 完全性で直ちに得られます．しかし，ここでは $\varphi(x, y)$ が $\mathbb{N}$ 上で関数を表すことの証明可能性も要求されています．これにはQに加えた Π_1 公理 $\forall x(x \neq 0 \to \exists y(x = S(y)))$ が効力を発揮するのですが，その辺の細かい話は，ロジック学園に入ってからやりましょう．

春太 結局，学費払わなきゃ，教えてもらえないのかあ．

先生 Qで証明するのはちょっと難しいけれど，PAで証明するなら春太君の演習問題にちょうどいいかな．

問題 2

PAにおいて表現定理を証明しなさい．

春太 それ，ずるいっす．

秋介 表現定理において関数である性質はどうして必要なのですか？

先生 いい質問ですねえ．それが，不完全性定理の証明の要になる対角化補題で使われます．以下，体系 T はQを含むものとしておきます．

対角化補題

任意の $\mathcal{L}_A$ 論理式 $\psi(x)$ に対し，ある文 σ が存在し，$T \vdash \sigma \leftrightarrow \psi(\ulcorner\sigma\urcorner)$ となる．

証明の方針は不完全性定理の証明の概要と同じで，まず論理式を並べ上げる計算可能関数 $f(n) = \ulcorner\varphi_n(\overline{n})\urcorner$ を用意するのですが，これを表現定理によって論理式 $\theta(x, y)$ で表すことがポイントです．そして，$\exists y(\theta(x, y) \wedge \psi(y))$ を考えれば，これが $\psi(\overline{\ulcorner\varphi_x(\overline{x})\urcorner})$ を表す論理式です．ちなみに，$\psi(\overline{\ulcorner\varphi_x(\overline{x})\urcorner})$ は具体的な値を x に代入することで意味を持ちますが，x を変数とするような厳密な論理式でないことに注意してください．最後に，$\varphi_k(x) \equiv \exists y(\theta(x, y) \wedge \psi(y))$ となる k を選んで，$\sigma \equiv \varphi_k(\overline{k})$ と置くと，これが補題を満たす文になります．実際，$\psi(\ulcorner\sigma\urcorner)$ であれば，$y = \ulcorner\sigma\urcorner$ として，

$$\exists y(\theta(\overline{k}, y) \wedge \psi(y)) \quad (\equiv \varphi_k(\overline{k}) \equiv \sigma)$$

が成り立っています．また，$\neg\psi(\ulcorner\sigma\urcorner)$ であれば，θ の関数の性質から，

$$\forall y(\theta(\overline{k}, y) \to \neg\psi(y)) \quad (\equiv \neg\varphi_k(\overline{k}) \equiv \neg\sigma)$$

が成り立ちます．よって，$\sigma \leftrightarrow \psi(\ulcorner\sigma\urcorner)$ が T で証明されました．

秋介 うまくできていますね．セミフォーマルな表現を厳密な論理式で表す意味がやっとわかりました．

先生 これから，不完全性定理を導くのはもう簡単です．最初に，「x は T で証明可能な(beweisbar)論理式のゲーデル数である」ことを表す論理式 $\mathrm{Bew}_T(x)$ を構成します．いま，公理の集合 T を CE としておくと，定理の集合も CE になることから，$\mathrm{Bew}_T(x)$ が Σ_1 で定義できることがわかります．そして，対角化補題の $\varphi(x)$ を $\neg\mathrm{Bew}_T(x)$ として文 σ を作ると，これが決定不能なゲーデル文 G になります．ゲーデル文 G は $\neg\mathrm{Bew}_T(\overline{\ulcorner G \urcorner})$ と同値ですから，Π_1 論理式になります．これが，以下の議論に効いてきます．

もう一度概要を思い出してください．G が証明可能でないことを示すためには，Π_1 文 G に対する健全性が使われていました．ここは議論を次のように修正します．G が証明可能であれば，G の否定は真な Σ_1 文であるから，Σ_1 完全な T で証明できる．したがって，T は矛盾する．後半は，Σ_1 文 $\neg G$ に対する健全性も T の無矛盾性も，T の Σ_1 無矛盾性から導けることに注目します．以上によって，次の定理が得られます．

ゲーデルの第一不完全性定理

T を Q を含む 1 無矛盾な CE 理論とする．このとき，T において証明も反証もされない $\mathscr{L}_{\mathrm{A}}$ の命題がある．

まどか これ夢かな．私にも全部わかった気がする．

美蘭 太棒了(タイバンラ)！

先生 この定理はのちにロッサーによって改良され，1 無矛盾性の仮定が無矛盾性に弱められました．その証明は Bew_T の定義を修正すればよく，決して難しくありませんが，記号の操作がいろいろ必要なのでここではやりません．

さて，次回は第二不完全性定理です．その成立条件は第一不完全性定理の場合と若干異なりますし，証明法もいろいろありますので楽しみにしてください．

演習：星に想いを

特別入門授業は2週目に入り，内容がとても高度になったと思う．先生が入門生たちに要求する理解レベルがすごく高くなって，もはや学園の正規の講義と変わらないくらいだ．

レオ みんな，今日の授業は理解できたかい？

春太 完璧っす．演習問題を除いてね．

秋介 第一不完全性定理は思ったより簡単でした．どうして難解といわれているのかわからなくなりました．ゲーデルって，そんなに偉いのですか？

春太 ゲーデルはアインシュタインにも一目置かれた天才っすよね．

レオ ゲーデルはアインシュタインとよく一緒に散歩していたらしいし，物理学の研究でアインシュタイン賞もとっている．僕の好きな映画『星に想いを』．原題は『I. Q.』だけど，その中で彼らは一緒にスポーツしたりふざけたりしているよ．あれはやりすぎだね．本当は親子くらい歳が違うから，アインシュタインの姪の数学者を好きになる男やそのライバル役をゲーデルがやっても面白かったかも．

U矢 姪役のメグ・ライアンは実生活で中国の女童(おんなわらわ)を人質にしているという噂でござる．

美蘭 養女として育てているだけでしょ．

U矢 そうであったか．面目次第もござらん．

レオ 今朝の授業で先生はこうおっしゃっていました．ゲーデルはペアノ算術に対して不完全性定理を証明したわけではなく，ゲーデルの「議論を効果的に述べるためにペアノ算術が整備された」と．つまり，先生の講義はゲーデル以降に整理され，理解しやすくなった議論を採用しているので簡単に思えるんじゃないのかな．

U矢 論理力530000の拙者には，どちらでも同じだがな．

レオ じゃあ演習問題の前に，自然数の形式体系が通常もっている重要な性質を復習しておくよ．

Σ_1 **完全** ＝ 真なΣ_1文は証明可能.
ω無矛盾 ＝ 任意の$\varphi(x)$について，$\varphi(\bar{n})$が証明できないnがあるか，$\exists x \neg \varphi(x)$が証明できない.
1無矛盾 ＝ $\varphi(x)$がΔ_1の場合のω無矛盾.
Σ_n **健全** ＝ 証明可能なΣ_n文は真.（Π_n健全も同様）

ペアノ算術のような標準的な体系は，これらの性質を全部もっていると考えていい．しかし，それらをあえて定義し，区別して理解させるのは，先生が皆さんの今後の発展に期待しているからです．プロを目指すのでなければ，真な文からなる健全な理論はω無矛盾であると知っておけば十分でしょう．それにしても，次の問題はちょっと難しくないかな．

問題 1

（1）Σ_1完全な理論において，1無矛盾性とΣ_1健全性が一致することを示せ．
（2）ω無矛盾性からΠ_3健全性は導けるが，Σ_3健全性は導けないことを示せ．

美蘭 とりあえず，問題1(1)はできそうです．

問題1（1）　　美蘭

Σ_1健全 ⟹ 1無矛盾. 対偶を示すため，$\varphi(x)$がΔ_1で，「$\exists x \neg \varphi(x)$は証明できない」を否定する．すると，$\Sigma_1$論理式$\exists x \neg \varphi(x)$は証明できるから，$\Sigma_1$健全性より真である．よって，ある$n \in \mathbb{N}$があって$\neg \varphi(\bar{n})$が真である．もし$\varphi(\bar{n})$が証明できたら$\varphi(\bar{n})$が真になって矛盾するので，$\varphi(\bar{n})$は証明できない．
1無矛盾 ⟹ Σ_1健全. Σ_1論理式$\exists x \varphi(x)$が証明できたとする．このとき，1無矛盾性から，あるnについて$\neg \varphi(\bar{n})$が証明できない．Σ_1完全性から，あるnについて$\neg \varphi(\bar{n})$は真でない．つまり，あるnについて$\varphi(\bar{n})$は真であり，$\exists x \varphi(x)$も真である．

レオ Perfeito!(完璧)

U矢 お主，なかなかできるな．

美蘭 でも，(2)はどうしたらいいでしょうか．

まどか ミランちゃん,「考えないで感じろ」って教えてくれたじゃない．分からないときは，水になり記号になればいいんだよ！ こんな感じ．

> 問題1(2)前半　　　　まどか
>
> Π_3健全性を対偶で示すため，$\forall x \exists y \forall z \theta(x, y, z)$が偽だとする．
> すると$\exists n \forall m[\exists z \neg \theta(\bar{n}, \bar{m}, z)$が真$]$．
> Σ_1完全より$\exists n \forall m[\exists z \neg \theta(\bar{n}, \bar{m}, z)$が証明可能$]$．
> ω無矛盾より$\exists n[\exists y \forall z \theta(\bar{n}, y, z)$が証明不可能$]$．
> 論理法則から$\forall x \exists y \forall z \theta(\bar{n}, y, z)$が証明不可能．

美蘭 また一段と腕上げたのね．

まどか まぐれ，まぐれ．私って何も考えていないから．後半のように反例を探す問題は絶対できないよ．

秋介 この二人，きっと何か持っている．

レオ (2)の後半は，世界ロジック選手権の過去問にもあったよ．これができたら，もう一人前のロジシャンってことだね．誰かチャレンジしてみないかい．

春太 オレ，ロジシャンよりマジシャンになりたいんで．

レオ 仕方ないな．ほかには誰も…．

U矢 しばし待たれよ…．いざ，出陣！

> 問題1（2）後半　　U矢
>
> Tを真な文からなるCE集合とする．当然ω無矛盾である．$\mathrm{Bew}_T(x)$はΣ_1だから，"$T+\sigma$がω無矛盾でない"はΣ_3で定義できる．対角化補題より，$\sigma \Longleftrightarrow$"$T+\sigma$がω無矛盾でない"となる$\Sigma_3$文$\sigma$が存在する．$\sigma$が真であれば，$T+\sigma$はω無矛盾でないが，$T+\sigma$は真な文の集合なので矛盾．よって，$\sigma$は偽で，$T+\sigma$はω無矛盾である．つまり，ω無矛盾だが，$\Sigma_3$健全ではない理論がある．

U矢 皆の衆，「恐れ入谷の鬼子母神」ってところかのぅ．これが530000の論理力でござる．

レオ 問題2は春太さんへの出題だよ．

問題2

PAにおいて表現定理を証明しなさい．

……………………………………………………………………………………………………

春太 計算可能関数$f\colon \mathbb{N}\to\mathbb{N}$のグラフが$\Sigma_1$論理式$\varphi(x,y)$で表せることは仮定していいっすね．

レオ いいと思うよ．

春太 だったら，$f(m)=n$は$\mathrm{PA}\vdash\varphi(\overline{m},\overline{n})$と一致しているから，あとは$f(m)=n$のときに，$\forall y(\varphi(\overline{m},y)\to y=\overline{n})$，あるいは$\forall y\neq\overline{n}(\neg\varphi(\overline{m},y))$がPAで証明できればいいっすね．

レオ いい線いっている．ちょっとヒントをいうと，$\varphi(x,y)$を使う代わりに，$\psi(x,y)\equiv\varphi(x,y)\wedge\forall y'<y\neg\varphi(x,y')$を使ってごらん．よくある技法なんだ．

問題2　　春太

$f(x)=y$ となる関係を Σ_1 論理式 $\varphi(x,y)$ で表す．PA は Σ_1 完全かつ1無矛盾だから $f(m)=n$ は PA $\vdash \varphi(\bar{m},\bar{n})$ と一致する．つぎに，$\phi(x,y)\equiv\varphi(x,y)\land\forall y'<y\neg\varphi(x,y')$ とおく．このとき，$f(m)=n$ ならば，以下が PA で証明できる．

- $\phi(\bar{m},\bar{n})$．
- $y<\bar{n}$ のとき，$\neg\varphi(\bar{m},y)$，よって $\neg\phi(\bar{m},y)$．
- $y>\bar{n}$ のとき，$\exists y'<y\varphi(\bar{m},y')$ だから $\neg\phi(\bar{m},y)$．

つまり，$\phi(\bar{m},y)\leftrightarrow y=\bar{n}$ が証明でき，関数 $f:\mathbb{N}\to\mathbb{N}$ は $\phi(x,y)$ によって数項別に表現される．

レオ ブラボー！ 2年前の僕より全然筋がいい．

春太 オレの論理力は540000くらいありそうだな．

U矢 ちょこざいな小僧！ 明日，返り討ちにしてくれるわ．

3月8日(火)　授業7日目

第二不完全性定理

不完全性定理の深奥に達するため，僕たちは何回自分の心の殻を破らないといけないのだろう？　前日の授業ではパラドクスの殻を破って第一定理に至る道が説かれたが，うまく第一定理の世界に到達できても，そこを通り抜けてまた茨の道を進まなければ第二定理には至れない．第二定理は第一定理を形式化するだけのルーチンワークで示せるだなんて気楽に言える人はたぶん自分でその道を通ったことがない人だ．僕はロジック学園に入って半年間そこを抜けるのにもがき苦しんだ．そして，どうにか第二定理をマスターしても，また越えるべき壁が次々と現れて全然ゴールが見えてこない．しかし，壁を乗り越えるごとに，自分が一段高いところに上ったことを実感できるのが，ロジックを学ぶ醍醐味だろう．今回の参加者もすでに自分の視野の次元が高くなったことを感じている頃だろう．

今日は晴れているので，久しぶりに自転車で山の上まで登ってきた．みんなが乗るバスはまだ着いていない．早朝から一人で勉強していたさくらさんの姿を思い出しながら教室を覗くと，すうっと黒い人影が動いた．彼女が戻ったのかという淡い期待は，異質な気配で直ちに打ち砕かれた．あれはU矢に違いない．しかし，一体何者なんだ，彼は．いつも自分を偽っているように見えるのは，黒巾(こくきん)組の末裔という家柄からだろうか？　それとも，事故で双子のお姉さんを亡くされたショックからだろうか？

僕は，できるだけ明るく声をかけてみた．

レオ　Olá(オラ)! What's up?(どう)

U矢　The ceiling(天井)…でござるな．

レオ　そんな冗談がいえるなら，君かなり英語も話せるんだろ．

U矢　これは異なことを申す．上に何があるかと尋ねられたので，天井と答えたまでのこと．

レオ そうか，まあいいよ．ところで，昨日の授業について，何か聞きたいことはないかい？

U矢 ならば，1つお尋ねしよう．不完全性定理の証明のかなめは，対角化補題でござった．任意の論理式 $\phi(x)$ に対し，$\sigma \leftrightarrow \phi(\ulcorner\overline{\sigma}\urcorner)$ となる文 σ が作れるということだな．そこで質問だが，授業ではゲーデル数 $\ulcorner\sigma\urcorner$ の定め方には特別重要な意味はないようにいわれたと思うが，もし $\phi(0)$ を σ として，σ のゲーデル数を 0 と定義してしまえば，この定理は自明に成り立つことになるが，それでよろしいか？

レオ 君は僕を困らせるのがうまいな．簡単には答えられないけれど，君の説明は何だか天動説のようだ．まず自分の位置を固定し，そこから周囲の世界を描いていくのかい．そんなやり方で，あとからゲーデル数を導入して，辻褄を合わせるなんてとても難しいはずだ．$\phi(\ulcorner\overline{\sigma}\urcorner)$ の真偽は単に σ だけではなく，σ の部分式や周辺環境にも依存しているからね．

U矢 これは失敬な．拙者は，英国の探偵ホームズ氏とは違って，地動説くらい知っておるぞ．

レオ 僕もまだ学生だから，あまりうまい説明はできないよ．ただ，君のやり方では，$\phi(x)$ ごとにゲーデル数の定義をすっかり変えるのだから，議論を積み重ねていけないじゃないか．普通のやり方なら，σ が不動点であれば，$\sigma \vee \sigma$ のように少し変形してもやはり不動点だけど，君のやり方だと基本的にまったく同じ論理式でないとダメだね．それは利点かもしれないけれど，証明を必要以上に複雑にし，応用を必要以上に狭くするのではないかな．なぜそんな

ふうに考えたのかい？

U矢 おぬしが質問しろというから，尋ねたまでのことよ．

レオ そうだったな．じゃあ，こんなふうに考えてみよう．そこの鏡を見てごらん．君と鏡の君は似ているが，どちらも刻々変化しているし，物理的には同じではないよね．たとえば，鏡の君に，君と同一人物か尋ねてごらん．“Are you me?”って．

U矢(小声で) Are you me?

鏡(微声で) あ…ゆ…み…？

U矢 …………………………．

レオ どうした？ 声に出したくなければ，このメモ帳に「自分はU矢」と書いて，鏡に見せてごらん．

U矢はメモ帳に書いた文字を鏡の自分に見せると，瞬時に血の気が引いた．自分の説の欠陥に気付いたショックだろうか．机に手をつき，立っているのが精一杯という感じだった．

ちょうどそのとき，バスが到着した．先頭で教室に入ってきたまどかさんは，U矢の異常に気付くと，休憩室に連れていくよういつになくてきぱきと男たちに指示を出した．でもU矢は迷惑そうに僕たちの腕を振り払った．そして，みんなを遠巻きに従えながら，一人でふらふらと歩きだした．休憩室に着くと，しばらく一人で休みたいというので，僕たちは教室に戻った．すると，学園長が来られていた．

先生 U矢君はどうかしましたか？

レオ 鏡に向かって“Are you me?”と言った途端，具合が悪くなってしまい，休憩室で休ませました．

先生 そうですか．お姉さんのあゆみさんを思い出したのでしょうか．

レオ えええっ．お姉さんの名前があゆみさんだったのですか．偶然とは言え，悪いことしたかなぁ．

第1時限

第一不完全性から第二不完全性へ

先生 みなさん，朝から大変でしたね．では，授業を始めます．昨日の内容は難しかったですか．

秋介 前に読んだ教科書には，ペアノ算術PAが無矛盾なら，そこで証明も反証もされない命題があるという主張を「ゲーデルの第一不完全性定理」と書いてありました．でも，ゲーデルが証明したかった定理の趣旨はかなり違うようですね．

美蘭 数学の教科書に書かれている定理が，オリジナルな主張と違っているのは普通だと思います．

秋介 しかし，この定理は数学的証明の限界を主張しているわけだから，数学の外から見ても誤解のないよう説明すべきだと思うのです．よそでは「汲めども尽きぬ知的濫用の泉」なんて言われていますよ．

まどか じゃあ，ねじ曲がった歴史を私たちの力で直さなくっちゃ．

春太 まじっすか？

先生 ゲーデルの原論文を見てみましょう．第一不完全性定理に対応する命題は原論文の定理Ⅵで，その直前でゲーデルは「決定不能性命題の存在についての一般的な結果」と説明しています．そして，この定理をなるべく原文に近く訳すと，こんな感じです．

> (体系Pを包含する) ω 無矛盾かつ(原始)再帰的な理論に対しては，$\forall vR$ も $\neg\forall vR$ も証明できないような(原始)再帰的関係 R が存在する．

前にも言った通り，ゲーデルのPはペアノ算術PAではなく，ツェルメロの集合論に近い高階理論です．Pが集合論的に見て不完全であることは，たとえば選択公理が入っていないというようなことから容易に想像できることで，定理の本質は，Pをいくら拡大しても，原始再帰的関係に一つ算術量化子が付いただけの言明すら真偽判定できないということなのです．

秋介 普通の教科書では，PAのような標準体系でもその無矛盾性は一応仮定として扱っています．先生はそれを当然のように無矛盾，しいては ω 無矛盾のように言っておられるのですが，ロジックの立場としてそれでいいのでしょうか？

先生 ゲーデルのPに対してなら，その無矛盾性がまったく自明だとは言いません．しかし，PAに対しては，これが矛盾していたら，不完全性定理を議論しているメタ数学の立場も疑わしくなるし，普通の数学もできなくなってしまうので，PAの無矛盾性を疑うことなど私には不可能です．

話を続ける前に，ゲーデルの論文に関する基本的な事柄をおさらいしておきます．この論文は，

1. イントロ，
2. 第一定理(決定不能性定理)，
3. 算術化，
4. 第二定理，

の4節で構成されています．1930年の夏頃には1,2節まで完成していて，9月にフォン・ノイマンと話し合った後で3,4節の内容が加筆され，10月に雑誌に投稿されました．ということで，この論文の前半はタイトル通り決定不能性を主題にしたものですが，後半はヒルベルト学派の旗手フォン・ノイマンの影響をもろに受けて，無矛盾性の問題が前面に出てくるのです．

第二不完全性定理にあたる原論文の定理XIは，次のような言い方になっています．

> (体系Pを包含する)任意の(原始)再帰的で無矛盾な理論κは，「κが無矛盾である」という文を証明できない．とくに，Pが無矛盾であると仮定すれば，Pの無矛盾性はPで証明できない．

ここでは，正面からPに関する性質が主張されており，ゲーデルがいわゆるヒルベルトの無矛盾性プログラムにもひかれていったことがわかります．しかし，この論文のあとは，また何年も決定問題や再帰理論の研究に取り組んでいます．

前置きが長くなりましたが，私が思うには，第二定理においても大切なことは，自分自身の無矛盾性が証明できないという事実であり，自分自身が矛盾しているかどうかではないと思います．これについてはまたあとで議論し

ましょう．

第2時限

第二不完全性定理の詳細

先生 では，第二不完全性定理の証明に取りかかりましょうか．

秋介 第二定理は，第一定理の証明を形式的に行えばよいと本に書いてありました．第一不完全性定理から，P が無矛盾であれば，「自らが証明できない」という文 G は P で証明できません．この議論を体系 P の内部で行うことにより，P の無矛盾性から G の証明不可能性が P で導けることがわかります．G の証明不可能性は G そのものなので，P の無矛盾性から G が証明できることになるのですが，第一不完全性定理から G は証明できないので，P の無矛盾性も証明できないというわけです．このような議論は間違っていますか？

春太 ゲーデルの第一定理の仮定は，ω 無矛盾っす．

美蘭 ロッサーの修正がなければですね．

まどか G の証明不可能性には P の無矛盾性が用いられ，G の否定の証明不可能性に ω 無矛盾性が用いられていたのかもしれません．

先生 みなさんいろいろ良い考察をされていますが，まどかさんは一段と鋭くなっていますね．最初の秋介さんの質問に戻ると，証明の概略は概略にすぎません．形式的に行うということが，どういうことか考えてみましたか？

春太 やればできるということじゃないっすか？

先生 やればできるというのと，実際やってできるのは大違いですよ．これから話す証明も，時間の制約から部分的にはやればできるで終わっているところがありますが，みなさんにはそこもしっかり自分で補ってもらいたいのです．第二定理の登頂に成功した人はまだ日本に数十人しかいないと言われていますから，皆さんもぜひ頑張ってください．

では，復習になりますが，1階算術の言語 $\mathscr{L}_{\mathrm{A}}$ は，(論理記号以外に)次の記号を持ちます：定数 0，後者記号 $\mathrm{S}(n)=n+1$，演算記号 $+,\cdot$，等号 $=$，不等号 $<$．**ペアノ算術 PA** は，これらの記号の意味を定める基本公理，および任意の論理式に関する帰納法からなる形式的算術理論です．

この体系において，自然数 $0,1,2,3,\cdots$ は次のような記号列(項)で表されます：$0,\mathrm{S}(0),\mathrm{S}(\mathrm{S}(0)),\mathrm{S}(\mathrm{S}(\mathrm{S}(0))),\cdots$．これらを「数項」と呼び，自然数 n

に対応する数項を $\overline{n}$ と書きました.

論理式の階層は，次のように定義されました.

含まれる量化記号が $\forall x < t$ または $\exists x < t$ (t は x を含まない)のみの論理式を**有界**という.
有界論理式の前に存在量化記号 $\exists$ を付けたものを Σ_1 論理式とよび，全称量化記号 $\forall$ を付けたものを Π_1 論理式とよぶ.
Π_1 論理式の前に存在量化記号 $\exists$ を付けたものを Σ_2 論理式とよび，Σ_1 論理式の前に全称量化記号 $\forall$ を付けたものを Π_2 論理式とよぶ.
同様に Σ_n，Π_n なども定義される.

PA の代表的な部分体系は，帰納法の論理式 $\varphi(x)$ を Σ_1 論理式に制限した公理系 $\mathrm{I}\Sigma_1$ と，帰納法をなくして次の公理を加えた**ロビンソン算術 Q** です.

$x \neq 0 \to \exists y(x = S(y))$

真なる Σ_1 文はすべて Q でも証明可能で，これを Q の「Σ_1 完全性」といいます．以下，どの体系も Q を包含していると仮定するので，どれも Σ_1 完全です.

数論的関数 $f\colon \mathbb{N} \to \mathbb{N}$ が T において**数項別に表現可能**であるとは，ある論理式 $\varphi(x, y)$ が存在し，$f(m) = n$ となるすべての自然数 m, n に対して，

$T \vdash \varphi(\overline{m}, \overline{n}) \land \forall y(\varphi(\overline{m}, y) \to y = \overline{n})$

が成り立つことです.

表現定理

任意の計算可能関数は，T において数項別に表現可能である.

次の事実が，不完全性定理の証明の鍵でした.

対角化補題

任意の $\mathscr{L}_A$ 論理式 $\psi(x)$ に対し，ある文 σ が存在し，$T \vdash \sigma \leftrightarrow \psi(\ulcorner \sigma \urcorner)$ となる.

あとは，「x は T で証明可能な(beweisbar)論理式のゲーデル数である」こ

とを表す Σ_1 論理式 $\mathrm{Bew}_T(x)$ を構成し，$\varphi(x)$ を $\neg\mathrm{Bew}_T(x)$ として補題を用いれば，証明も反証もできないゲーデル文 G が得られます．こうして，第一不完全性定理が証明されました．

第一不完全性定理

T を言語 $\mathcal{L}_A$ における CE 理論で，Σ_1 完全かつ 1 無矛盾であるとする．このとき，T において証明も反証もされない $\mathcal{L}_A$ の命題がある．

いよいよ第二不完全性定理ですが，これが成り立つ条件は第一定理の場合と若干異なり，$\mathrm{I}\Sigma_1$ を必要とします．第二不完全性定理の厳密な証明は，最初にヒルベルトとベルナイスによって書き下され，その証明をレーブ(1955)が改良しました．それは，$\mathrm{Bew}_T(x)$ に関する次の 3 つの性質を示すことで得られます．

ヒルベルト-ベルナイス-レーブの補題　T を $\mathrm{I}\Sigma_1$ を含む CE 理論，φ, ψ を任意の $\mathcal{L}_A$ 論理式とする．

[D1]　$T \vdash \varphi \Longrightarrow T \vdash \mathrm{Bew}_T(\ulcorner\varphi\urcorner)$.

[D2]　$T \vdash \mathrm{Bew}_T(\ulcorner\varphi\urcorner) \wedge \mathrm{Bew}_T(\ulcorner\varphi \to \psi\urcorner) \to \mathrm{Bew}_T(\ulcorner\psi\urcorner)$.

[D3]　$T \vdash \mathrm{Bew}_T(\ulcorner\varphi\urcorner) \to \mathrm{Bew}_T(\ulcorner\mathrm{Bew}_T(\ulcorner\varphi\urcorner)\urcorner)$.

証明を簡単に示します．D1 は，$\mathrm{Bew}_T(\ulcorner\varphi\urcorner)$ が Σ_1 論理式であることと，Σ_1 完全性から直ちに得られます．D2 については，φ の証明と $\varphi \to \psi$ の証明を三段論法でつないだものが ψ の証明であることから明らか．最後に，D3 は D1 を T で形式化したものにすぎませんが，T における φ の証明から $\mathrm{Bew}_T(\ulcorner\varphi\urcorner)$ の証明を求める操作を原始再帰的あるいは算術的な手続きとして表さなければなりません．ここに帰納法が必要なため，T は $\mathrm{I}\Sigma_1$ を含む理論にする必要があります．

第二不完全性定理を導くために，まず G をゲーデル文とします．つまり，

$T \vdash \mathrm{G} \leftrightarrow \neg\mathrm{Bew}_T(\ulcorner\mathrm{G}\urcorner)$

が成り立ちます．第一不完全性定理では，G が T で証明も反証もできない文であることを証明しました．いま

$$\mathrm{Con}(T) \equiv \neg \mathrm{Bew}_T(\overline{\ulcorner 0 = 1 \urcorner})$$

とおくと，Con(T) は“T が無矛盾(consistent)であること”を意味します．そして，D1, D2, D3 を使うと，

$$T \vdash \mathrm{Con}(T) \leftrightarrow \mathrm{G}$$

が導けるのです．

まず，$T \vdash \mathrm{Con}(T) \rightarrow \mathrm{G}$ の証明を書きます．これと第一定理より Con(T) の証明不可能性がいえます．

$\mathrm{T} \vdash \neg \mathrm{G} \leftrightarrow \mathrm{Bew_T}(\overline{\ulcorner \mathrm{G} \urcorner})$ と D1 より，

$$\mathrm{T} \vdash \mathrm{Bew_T}(\overline{\ulcorner \mathrm{Bew_T}(\overline{\ulcorner \mathrm{G} \urcorner}) \rightarrow \neg \mathrm{G} \urcorner}).$$

これに D2 を用いて，

$$\mathrm{T} \vdash \mathrm{Bew_T}(\overline{\ulcorner \mathrm{Bew_T}(\overline{\ulcorner \mathrm{G} \urcorner}) \urcorner}) \rightarrow \mathrm{Bew_T}(\overline{\ulcorner \neg \mathrm{G} \urcorner}).$$

D3 より

$$\mathrm{T} \vdash \mathrm{Bew_T}(\overline{\ulcorner \mathrm{G} \urcorner}) \rightarrow \mathrm{Bew_T}(\overline{\ulcorner \mathrm{Bew_T}(\overline{\ulcorner \mathrm{G} \urcorner}) \urcorner})$$

となるから，

$$\mathrm{T} \vdash \mathrm{Bew_T}(\overline{\ulcorner \mathrm{G} \urcorner}) \rightarrow \mathrm{Bew_T}(\overline{\ulcorner \neg \mathrm{G} \urcorner}).$$

$\mathrm{T} \vdash \mathrm{G} \rightarrow (\neg \mathrm{G} \rightarrow 0 = 1)$ と D2 と上式を用いて，

$$\mathrm{T} \vdash \mathrm{Bew_T}(\overline{\ulcorner \mathrm{G} \urcorner}) \rightarrow \mathrm{Bew_T}(\overline{\ulcorner 0 = 1 \urcorner})$$

を得る．ここで，対偶をとれば，

$$\mathrm{T} \vdash \neg \mathrm{Bew_T}(\overline{\ulcorner 0 = 1 \urcorner}) \rightarrow \neg \mathrm{Bew_T}(\overline{\ulcorner \mathrm{G} \urcorner}),$$

すなわち，$\mathrm{T} \vdash \mathrm{Con}(\mathrm{T}) \rightarrow \mathrm{G}$ が示された．

逆は第二定理の証明には必要ありませんが，簡単に示せるので述べておきましょう．$T \vdash 0 = 1 \rightarrow \mathrm{G}$ だから，D1 と D2 によって，

$$T \vdash \mathrm{Bew}_T(\overline{\ulcorner 0 = 1 \urcorner}) \rightarrow \mathrm{Bew}_T(\overline{\ulcorner \mathrm{G} \urcorner}).$$

対偶をとって，$T \vdash \mathrm{G} \rightarrow \mathrm{Con}(T)$ を得ます．

以上から，次の主張を得ます．

第二不完全性定理

T を言語 $\mathscr{L}_A$ における CE 理論で，$\mathrm{I}\Sigma_1$ を含み，無矛盾であるとする．このとき，

T において Con(T) は証明できない.

秋介 この証明でもまだ不十分のように最初におっしゃられましたが，どの部分がとくに問題とお考えですか？

先生 一番難しいのは，上の D3 を厳密に証明することでしょう．いくつかの証明法があって，後でも話題になると思いますが，厳密な証明は学園生になってから時間をかけてやってもらうか，高度な専門書を読む必要があります.

最後に演習問題を出しておきます.

問題 1

（1）自分自身の矛盾性 $\neg$Con(T) を証明する無矛盾な理論 T が存在することを示せ.

（2）互いに他の無矛盾性を主張するような，1 対の無矛盾な理論 S と T は存在しないことを示せ.

昼休み．休憩室に行ってみると，U 矢は姿を消しており，僕に宛ててかこんな問題が残っていた.

$\mathrm{H} \leftrightarrow \mathrm{Bew}_T(\ulcorner\overline{\mathrm{H}}\urcorner)$ となる文 H は証明可能か？

そして，最後にAYUMIと書かれていた.

どこかで見たような問題だが，思い出せない．Hが証明可能な真な文であれば，両辺とも真で問題はない．また，偽で証明不可能な場合も，両辺は同値になる．とすれば，Hは証明可能であるとか真であるとかは，判定できないのではないように思うが，どうだろうか？

次の授業が始まる前に，僕は先生に質問しに行った．すると先生はそのような文Hは常に証明可能になり，そのことは次の授業の中で説明するとおっしゃられた．予想外の答えに，問題の出所がU矢の置き手紙であったことを言いそびれ，僕は打ちのめされた気分になった．彼は僕をからかっているのだろうか．彼は授業に戻ってこなかった.

第3時限

第二不完全性定理の応用

先生 最初に，第二不完全性定理について，1つ注意を述べておきましょう．この定理は，「Tが無矛盾である」ことがTにおいて証明できないことを主張していますが，ほかの体系での証明可能性については何もいっていないし，ましてや「Tが無矛盾である」ことが疑わしいという意味では決してありません．実際，PAが無矛盾であることは，PA以外のいろいろな体系で証明されています.

春太 PAの無矛盾性を，PAより強い，より無矛盾性が疑わしい体系で証明しても意味ないんじゃないっすか？

先生 PAの無矛盾性を証明する体系は，ある意味でPAより強くても，PAを完全に包含している必要はありません．たとえば，PAでは扱えない無限順序数の基本性質を使えば，量化記号の使用をかなり制限した体系で，PAの無矛盾性が証明できるのです.

まどか ゲーデル文は「この文は証明できない」というもの．それから，昨日の演習問題には「この文はω無矛盾性を崩す」という文もあったよ．ほかにも，「この文は証明できる」とか，「この文はTと矛盾しない」とかいろいろ考えたら，どうなるのかなあ？

先生 直観に反する結論がたくさん導けますよ．例えば，「この文はTと矛盾しない」という文をCとしましょう．すると，理論T+Cは自らの無矛盾性を証明しますから，第二不完全性定理によって矛盾している．つまり，C の主張は T で否定されます．

まどか 「この文は矛盾しない」という文が矛盾しているなんて，あんまりだよ．こんなのってないよ．

先生 「この文は証明可能である」という文は，ヘンキン文 H と呼ばれるものですが，どうなると思いますか？

美蘭 H の否定は，「この文は証明可能でない」，つまり「この文の否定は T と矛盾しない」です．ということは，H の否定と上の C は同じですね．したがって，H は証明可能です．

レオ なるほど．そういうことか．

（独り言） U 矢は答えを知っていたのだろうか？

先生 次は，ヘンキン文とも関連する**レープの定理**を示しましょう．

レープの定理 T を $I\Sigma_1$ を含む CE 理論とする．もし T が「T が σ を証明すれば，σ である」ことを証明するなら，T は σ を証明する．

証明 「T が σ を証明すれば，σ である」ことが T で証明されるとする．それは「$\neg\sigma$ ならば，T が σ を証明しないこと，つまり $T+\neg\sigma$ が無矛盾である」ことが T で証明されることを意味する．すなわち $T+\neg\sigma$ が $T+\neg\sigma$ の無矛盾性を証明することになるので，第二不完全性より $T+\neg\sigma$ は矛盾している．よって，T が σ を証明することが導かれる．

ヘンキン文 H は，上の定理の σ の仮定を満たしますから，証明可能になります．

美蘭 この定理は不可思議です．ある命題 σ を証明するために，σ の証明があると仮定して証明してもいいなんて本当ですか？

先生 たしかに奇妙ですね．肝心な点は，σ が証明可能であるという仮定から σ を導く推論が T の中で実行できるということです．証明可能なものが真であるという一般的な主張は体系の無矛盾性を導くので，証明可能であるという仮定は無意味でなければなりません．

それから，第二不完全性定理はレーブの定理の特殊ケースともみなせます．σを$0=1$のような矛盾と考えればいいのです．そうすると，「Tがσを証明すれば，σである」ことは，「Tがσを証明しない」こと，つまり「Tが無矛盾である」ことと同値です．したがって，レーブの定理により，もしTが「Tが無矛盾である」を証明するなら，Tが矛盾していること，換言すれば，もしTが無矛盾であるなら，Tは「Tが無矛盾である」ことを証明しないことがわかります．

秋介 レーブの定理の証明には第二不完全定理が使われていましたから，第二定理の別証にはなりません．第二定理には，ほかに違う証明はないのですか？

先生 いくつかあります．では，イェック先生による証明を簡単にご紹介しましょう．これには，完全性定理の算術版を用います．PA において完全性定理の証明がほぼ実行できますが，集合やモデルはそのまま扱えないので，それを定義する算術式で代用します．つまり，PA においては，Con(T) の仮定の下でTのモデルを算術的に定義する論理式が作れます．例えばTがPA のような算術体系であれば，そのモデルは算術の超準モデルです．従って，PA のモデルMにおいてCon(PA) が成り立つなら，Mから見ての超準モデルM'でPA を満たすものがMにおいて論理式で定義できることになります．

では，PA $\vdash$ Con(PA) と仮定して，矛盾を導きます．仮定からPA のモデルMが定義できます．まず，PA のゲーデル文G がMで成り立つかどうかを考えます．MでG が成り立つ場合，G はCon(PA$+\neg$G) と同値なので，Mの超準モデルM_1でPA$+\neg$G を満たすものがMで定義できます．MでG が成り立たない場合は，$M_1=M$としておきます．M_1はPA のモデルで，PA $\vdash$ Con(PA) ですから，M_1の超準モデルM_2でPA を満たすものがM_1で定義できます．また，M_1では$\neg$G が成り立ち，$\neg$G は“PA$\vdash$G”の意味ですから，PA のモデルであるM_2では，G が成り立ちます．最後に，$\neg$G はΣ_1文ですから，M_1で成り立てば，その拡大M_2でも成り立つはずです．よって，矛盾が得られました．

美蘭 この証明はとてもわかりやすいです．なぜ，みんなこの証明を採用しないのですか？

先生 これがわかりやすいと思える人は，完全性定理やモデル論についてかなり馴染みのある人です．そして，この証明も厳密に展開するのは，そんなに易しくはありません．1つ演習問題を出しておきましょう．

問題 2

ある算術文 σ について，(算術的に定義された)PA の超準モデル M_1 で“PA $\vdash \sigma$”が成り立っているとする．このとき，M_1 で σ が成り立つとは限らないが，M_1 で定義される PA の超準モデル M_2 では σ は成り立つ．両者の理由を述べよ．

話のついでに，次の注意を述べておきます．PA の公理，あるいは定理からなる任意の有限集合 S に対して，その無矛盾性は PA で証明可能です．なぜなら，S に含まれるすべての文は，十分大きな n に対する Σ_n 論理式のクラスに含まれ，Σ_n 論理式に対する充足関係は PA の論理式として定義できるので，結局 S のモデルが定義できるからです．

他方，もしもある理論が矛盾していたなら，その理論の有限個の公理だけを使って矛盾が導かれます．この事実は PA の中でも証明できます．したがって，「PA の公理からなるすべての有限集合が無矛盾であるなら，PA も無矛盾である」ことは PA で証明可能です．すると，PA が自らの無矛盾性を証明することにならないでしょうか？ みなさん考えてみてください．

秋介 ヒルベルトはなぜ数学の体系の無矛盾性を証明しようと思ったのですか？

先生 20 世紀に入って集合論の普及とともに広まった非構成的な証明法は，種々のパラドクスの発見で数学の安全性を揺るがしていました．そこで，直観主義者ブラウワーはその全面禁止を打ち出しましたが，ヒルベルトは擁護にまわって次のような還元主義の考え方を主張しました．抽象的な存在を主張しない具体的な命題については，大きな体系 T (例：集合論)で抽象的に証明できるなら，小さな体系 S (例：有限の立場の算術，$\mathrm{I}\Sigma_1$ 等)で構成的にも証明できるはずである．つまり，ヒルベルトは，次の図式を証明しようとしました：任意の Π_1 文 φ に対し，$T \vdash \varphi$ ならば $S \vdash \varphi$．

しかし，次のことが成り立っています．時間がないので，演習問題にします．

問題 3

任意の Π_1 文 φ に対し，$T \vdash \varphi$ ならば $S+\mathrm{Con}(T) \vdash \varphi$．

これにより，$S \vdash \mathrm{Con}(T)$ をいえばヒルベルトの目的が叶います．つまり，数学の無矛盾性を有限の立場で証明すればいいのです．もっともこれは後の人の説明で，ヒルベルトはここまで形式的に考えていたわけではありません．

演習：逆の発想

U矢は，結局戻ってこなかった．どうして彼は今朝鏡を見て卒倒しそうになったか，なぜ問題を書き残して昼に消えたのか．わからないことばかりだ．彼のことに気を取られているうち，いつの間にか演習の時間になってしまった．

レオ さあ，誰か問題を解いてくれないか．

まどか えっとさ，レオさんは今日映画の話しないのかなって．

レオ 最近観る時間もないしね．

秋介 この間，私は『ベンジャミン・バトン 数奇な人生』という映画を観たんですよ．

春太『ベンジャミン伊東のスキー人生』っすか．

美蘭 別介意(ビエジエイー)(気にしないで)．

秋介 老人として生まれ，年をとるごとに若返っていく男の話なんだけど，100年前に書かれた原作と違って，映画はニューオーリンズを舞台にして，2005年にアメリカ南東部を襲ったハリケーン・カトリーナの惨劇を最後にもってきました．もっとも罹災シーンはほとんど描かれていませんが．

レオ 2万人以上も死者・行方不明者を出して，ニューオーリンズ市の8割が冠水した大惨事でしたね．でも，普段ニュースを見ない人とか，未来の人が見たら，ラストの浸水の意味はよく理解できないんじゃないかな．恐怖を思い出させないための計らいだろうけど．

美蘭 そういえば，中国の大ヒット映画『唐山(とうざん)大地震』がもうすぐ日本でも公開されます．英語タイトルは『アフターショック』といい，公開中の『ヒア アフター』を連想してしまいますね．私とても不思議に思うのですが，日本は地震大国と言われているのに，実際の地震や災害を正面から扱った映画があまりありません．どうしてでしょう．

春太 縁起悪いからじゃないっすか．

レオ たくさん地震があるといっても，唐山大地震のように何十万人も死者が出たなんて話は日本ではあまり聞かないし，単なる地震だと日常茶飯事になってしまって物語にはしにくいのかもしれません．

春太 みんな想像力が足りないんすよ．オレが爺っちゃんから授かったイマジネーション強化の秘伝を教えてしんぜよう．超簡単なんだ．昔話のストーリーを逆転させて，別の物語を作るだけ．たとえば，『逆桃太郎』なら，村の人々から集めた財宝を鬼ヶ島の鬼に届けた逆桃太郎は，家来にも見捨てられ，桃に詰め込まれて川に流されたとか．『逆浦島太郎』は，若返りして遊びまくった挙句，送ってくれた亀を悪ガキたちに売って金を稼いだとか．ベンジャミン伊東より面白いっしょ．

レオ それって，本当に爺さんの秘伝かい．そういえば先生が，因果関係をひっくり返しても意味が通じることが数学の特徴だとおっしゃっていたよ．ともあれ，最初の問題は，春太君にやってもらおう．

問題 1

（1）自分自身の矛盾性 $\neg\mathrm{Con}(T)$ を証明する無矛盾な理論 T が存在することを示せ．

（2）互いに他の無矛盾性を主張するような，1 対の無矛盾な理論 S と T は存在しないことを示せ．

春太 秋介さんと半分ずつということで．

問題 1（1）　　春太

T = PA + ¬Con(PA) とおくと，PA から Con(PA) は証明されないので，T は無矛盾．しかし，T は ¬Con(PA) を証明するので，PA ⊂ T となる T については，当然 ¬Con(T) を証明することになる．

秋介 おいおい，(2)の方がずっと難しいよ．

問題1（2）　　秋介

S, Tはそれぞれ第二不完全性定理がいえる理論とし，$S \vdash Con(T)$かつ$T \vdash Con(S)$と仮定する．TはΣ_1完全だから，$S \vdash Con(T)$より$T \vdash Bew_S(Con(T))$である．これと，$T \vdash Con(S)$であることから，$T \vdash \neg Bew_S(\neg Con(T))$となる．一方，形式化された$\Sigma_1$完全性より，$T \vdash \neg Con(T) \to Bew_S(\neg Con(T))$がいえるので，対偶をとって，三段論法より$T \vdash Con(T)$．第二定理に反する．

レオ 次のモデルの問題は，やはり美蘭さんかな．

問題 2

ある算術文σについて，（算術的に定義された）PA の超準モデルM_1で“$PA \vdash \sigma$”が成り立っているとする．このとき，M_1でσが成り立つとは限らないが，M_1で定義される PA の超準モデルM_2ではσは成り立つ．両者の理由を述べよ．

問題2　　美蘭

（前半）（PAは無矛盾として）第二定理から$PA + Bew_{PA}(\overline{\ulcorner 0 = 1 \urcorner})$は無矛盾．そのモデルを$M_1$として，明らかにそこで$0=1$は成り立たない．
（後半）M_2がM_1で定義されているなら，ある論理式$\varphi(x)$が存在して，

$$M_1 \vDash \forall\tau(\varphi(\overline{\ulcorner \tau \urcorner}) \leftrightarrow \text{“}M_2 \vDash \tau\text{”}).$$

また，M_2はPAのモデルであるから，

$$M_1 \vDash \forall\tau(Bew_{PA}(\overline{\ulcorner \tau \urcorner}) \to \varphi(\overline{\ulcorner \tau \urcorner}))$$

もいえるので，PAの定理σはM_2で成り立つ．

レオ モデルの上でモデルを定義することなど，授業でも厳密にはやっていないので，この解答では理解しにくい人もいるかもしれませんね．

まどか 私モデルって全然わかんない．春太さんのイマジネーション強化法とかやらなきゃダメかな．

春太『逆白雪姫』おススメっす．

まどか ん…でも，過去と未来が入れ替わったら，魔法の鏡は何を映すのかな？

レオ 因果って何だろうね．でも，まどかさんが次の問題を解くのに魔法はいらないと思うよ．

問題 3

任意の Π_1 文 φ に対し，$T \vdash \varphi$ ならば $S+\mathrm{Con}(T) \vdash \varphi$.

問題 3　　まどか

φ を Π_1 文とし，$T \vdash \varphi$ と仮定する．S の Σ_1 完全性により，$S \vdash \mathrm{Bew}_T(\ulcorner \varphi \urcorner)$ がいえる．他方，$\neg\varphi$ は Σ_1 文だから，$S \vdash (\neg\varphi \to \mathrm{Bew}_T(\ulcorner \neg\varphi \urcorner))$．よって，$S \vdash (\neg\varphi \to \neg\mathrm{Con}(T))$ となり，$S+\mathrm{Con}(T) \vdash \varphi$ である．

レオ Brava!(ブラヴァ)(お見事)　みんな本当に上達している．

その頃，純喫茶カンディードにU矢が現れていた.

マスター らっしゃい…．おい，お前U矢じゃないか．下手な女装しても，バレてるぜ.

U矢 お主(ぬし)を欺くつもりはござらぬ．ただ，さくらさんに….

さくら いったいどうしたっちゃ.

U矢 さくらさん．明日ロジック学園に来てほしいんだ．そうしたら….

さくら ???

3月9日(水)　授業8日目

不完全性定理とさまざまな論理

すべてはあとになってわかることだが，学園そしてこの町に途轍もない災難が起きる予兆は，いくつも現れていた．文字通り楽天主義の僕は，生活や思想の根柢まで揺るがすような大惨事がまさか自分の身に起ころうとは想像もしていなかった．これまでの人生が比較的安定していただけで，数百年程度の学問を不朽の真理と信じたり，この社会が未来永劫続くとまったく疑わなかったのは浅はかだった．当時学んでいたことが無意味だったとはいまもまったく思わないが，残念なのは，僕の視野の狭さから目に入らなかった真理がとても多かったことだ．気まぐれで講義をサボっているようにしか見えなかったさくらさんの行動も，いま思えば僕への危険信号だったのだ．反省の弁は後にして，まずこの日の朝の様子を書くことにしよう．

昨日U矢がとった謎の行動は，僕の精神をずっと不安定にしていた．今朝も自転車を漕いで山を登る気にはなれず，バスで登校することにした．近くのバス停からバスに乗り込むと，いつもの顔ぶれが中に並んでいた．もちろん，U矢やさくらさんの姿は見えない．

レオ Olá!（お早う）

春太 オラ…天才しゅうのすけだぞ！

秋介 ひとの名前で遊ばないでください．

レオ 君たちは，朝から元気だね．

まどか 私，ちょっと寝不足で．逆白雪姫の話がすっごく気になって，眠れなくなっちゃったんだ．

美蘭 あんないい加減な人の話には乗らない方がいいですよ．

春太 それってどういうことっすか．人生はイマジネーションっす．イマジネーションのない人生は，ただの石ころみたいなものっすよ．

まどか でも，魔法の鏡が逆向きに働くと本当にどうなるのかなって．

春太 では，逆白雪姫の話を教えてしんぜよう．物語はお城の披露宴から始まるっす．逆白雪姫は王子の前でリンゴを喉に詰まらせ死んでしまうんだ．薄情な王子は逆白雪姫が生き返らないとわかると，さっさとこの国を去ってしまう．すると，そこにリンゴ売りの姿をした継母の王妃が来て，姫の喉に詰まったリンゴをとってくれるっすよ．この継母は，その後も黒魔術で殺されそうになった逆白雪姫を何度も救ってくれる．で，魔法の鏡は，それまでは「世界で一番美しい女性は」という問いに逆白雪姫を映し出していたけれど，王妃を映すようになったんだね．めでたし，めでたし．

まどか 魔法の鏡の働きが逆になると，すでに逆白雪姫を映している鏡に「世界で一番美しい女性は」と王妃が尋ねるから，決定権は王妃にあり，鏡の魔力は消えてしまうんじゃないのかなって．

美蘭 数学は因果を反転させても意味が通じると先生がおっしゃっていたそうですが，要するに魔法は数学じゃないってことかしら．

春太 面倒くさい人たちっすね．そういうことは，逆向(さかむけ)小学校でこまわり君たちと議論してほしいっす．

美蘭 この人のイマジネーションはただの妄想ですよ．

秋介 会話ボットに「世界で一番美しいのは誰」って聞くと，どんな答えを返してくれるかな？[1)]

美蘭 秋介さん，どんな答えを期待しているのですか？

バスが学園に着いた．みんなで教室に入っていくと，驚きが待っていた．なんと，さくらさんが以前のように1人で座っているではないか．僕は自転車で早く来るべきだったと後悔した．

まどか さくらちゃん，戻ってきてくれたの．

さくら 本当は講義に来たんでねぇのっしゃ．U矢さんがぜひ今日来いというので，ついでといっては失礼だけんど，先生の話も聞かせてもらおうと思って

1) iPhoneのSiriは，「あなたが一番美しいです」と答える．しかし，「世界で一番美しい人は誰」には，「Webでこちらが見つかりました」という返事になる．

来たんだっちゃ．

春太 理由はともかく，サクラッチーナがいれば勇気百倍．これで地元野球団も優勝っすね．

レオ さくらさんを呼び出しながら，U 矢が来ていないというのはどうしてだろう．

第 1 時限

可能世界意味論

先生 お早うございます．ほおぉ，さくらさんが来られていますね．

さくら しばらく休んでいたので，ついていけるかどうかわかりませんが，よろすぐお願いいだす．

先生 今週は不完全性定理を勉強しています．みなさん，ここまでで何か質問はありませんか？

美蘭 不完全性定理のことではないのですが，数学は因果を反転させても意味が通じるというのは，どういうことですか？

先生 私の話が間違って伝わっているのかもしれません．数学の場合「A ならば B」は因果関係ではないといいたかったのです．これはアリストテレスの『分析論後書』の主張なのですよ．明日のペリパトス授業で一緒に議論しましょう．

さくら（小声で） でも，わたしは…．

秋介 昨日レーブの定理の話を聞きながら，こんなことを考えました．X を適当な命題，例えば「当該体系が無矛盾である」としておきます．そして，対角化補題によって，「A を仮定すれば，X が証明できる」と A が同値になるような命題 A を作るのです．そうすると，A を仮定すれば，A 自身の主張から，X が証明できるでしょ．つまり，A は正しいのです．よって，X が証明できる．これって間違っていますか？

先生 みなさん，どう思いますか？

さくら「A を仮定すれば，X が証明できる」と「「A ならば X」が証明できる」は違うのっしゃ．後者なら，対角変数 A をコード化して対角化補題が適用できんだけんども，前者には無理だっちゃ．

春太 休んでいた人の方が本質がわかっているというのは残念っすね．

レオ 他人を冷やかすなよ．この辺は僕にもむずかしいんだから．ところで，先生，レーブの定理は第二不完全性定理を使って証明されていましたが，HBL(ヒルベルト-ベルナイス-レーブ)の補題から直接導くことはできませんか？

先生 とてもいい質問です．「直接」という意味も考えながら，説明しましょう．まず，$I\Sigma_1$ など適当な算術体系 T を固定して，$\mathrm{Bew}_T(\ulcorner A \urcorner)$ を $\Box A$ と略記することにします．すると，HBL の補題は，**証明可能性**を様相としてもつ命題論理とみなせて，これを体系 K4 と呼びます．さらにレーブの定理を追加したものは，ゲーデルとレーブの頭文字をとって，GL と呼びます．

体系 K は，以下の公理と推論規則からなる．
[D0]　命題論理の公理および推論規則
[D1]　$\vdash A \Longrightarrow \vdash \Box A$
[D2]　$\vdash \Box A \land \Box(A \to B) \to \Box B$
体系 K4 は，K に次の公理を追加したもの．
[D3]　$\vdash \Box A \to \Box\Box A$
体系 GL は，K4 に次を追加したもの．
[D4]　$\vdash \Box(\Box A \to A) \to \Box A$

講義では，D1, D2, D3 から第二不完全性定理を使って D4 を導きました．しかし，様相論理の体系 K4 で D4 を導けるかと考えると，答えは NO です．では，ある体系で何かが証明できないことを証明するにはどうしますか？

まどか 変な解釈を導入する話だと，私とっても苦手だよ．

先生 解釈というか，モデルを導入するには違いないですが，とても自然で有用なものがあります．クリプキが考案した可能世界意味論です．

さくら「この世界は可能世界の中で最善のものだ」と言ったのは，ライプニッツだすべ？ その主張が正しいとは思えませんが．

先生 たしかに．でも，ここでは可能世界の哲学的意味あいは考えないでください．クリプキはいまでは哲学者として有名ですが，30歳頃まではロジックの技術的研究を専門にしていました．この意味論の論文を書いたとき，彼はまだ数学好きの高校生だったのですよ．

まどか す…すごい．きっとアメリカのロジック学園に通っていたんだよ．

先生 さて，多世界モデルの基本は，(可能)世界の集合 W と世界間の遷移関係 $\Rightarrow$ です．このペア $(W, \Rightarrow)$ を多世界の**フレーム**といいます．そして，ある可能世界 $w \in W$ で命題 A が成り立つことを $w \vDash A$ で表します．従来の命題論理演算については，世界ごとに通常の2値論理と同様です．ただ，様相論理にはほかに $\Box A$ という表現があり，これはほかの世界を言及する様相(モード)を表します．$\Box A$ は，「A であった(過去)」とか「A でなければならない(必然)」というようにいろいろな解釈が可能です．

解釈の話は横に置いて，$w \vDash \Box A$ が成り立つことを，「w から変わりうるすべての可能世界で命題 A が成り立つ」と定めたのがクリプキでした．つまり，$w \vDash \Box A$ は，$w \Rightarrow w'$ となるすべての可能世界 w' について $w' \vDash A$ が成り立つことと同値になります．そして，このような定義の下で，すべての世界 w で成り立つ命題 A が，フレーム $(W, \Rightarrow)$ において真であると定めます．

少し考えればわかるように，体系Kで証明される命題は，あらゆるフレームで真になります．また，逆もいえます．それで，この体系はクリプキの頭文字をとってKと呼ばれています．体系K4の定理になることは，推移的な $\Rightarrow$ のフレームにおいて真であることと同値で，これもすぐに確かめられるでしょう．

春太 1, 2, 3がなくて，なぜ突然K4になるんすか？

先生 それらに対応する体系もあるのですが，いまは様相論理そのものを勉強しているわけではないから，省略させてもらっています．では，体系GLに対応するフレームの特徴は何だと思いますか？

秋介 一般線型群(GL)になるとか．

先生 ははは．でも，自己同型が絡むのはまんざら無縁でもないかもしれません．答えをいうと，体系K4のモデルがD4を満たすための必要十分条件は，$\Rightarrow$ が無限の遷移道を持たないことです．これを簡単に見ておきましょう．

最初に，D4が成り立たない推移的フレームには無限道が存在することを示します．まず，ある w_0 で $w_0 \nvDash \Box(\Box A \to A) \to \Box A$ とします．すると，$w_0 \vDash \Box(\Box A \to A)$ かつ $w_0 \nvDash \Box A$ です．後者から，ある $w_1 \Leftarrow w_0$ において，$w_1 \nvDash A$ です．前者から，$w_1 \vDash \Box A \to A$ もいえます．すると，$w_1 \nvDash A$ から，$w_1 \nvDash \Box A$ でなければなりません．他方，推移性から $w_1 \vDash \Box(\Box A \to A)$ もいえるので，あとは同様に，$w_2 \Leftarrow w_1$, $w_3 \Leftarrow w_2$ 等々が得られ，無限道 $w_0 \Rightarrow w_1 \Rightarrow w_2 \Rightarrow w_3 \Rightarrow \cdots$ が存在します．

次に，無限道 $w_0 \Rightarrow w_1 \Rightarrow w_2 \Rightarrow \cdots$ を持つフレームを考え，すべての w_i で原子命題 p は成り立たず，それ以外の世界があればそこで p が成り立つことにします．このとき，すべての w_i で $\Box p$ も成り立ちません．すると，すべての w_i で $\Box p \to p$ が成り立ち，それ以外の世界でも $\Box p \to p$ は成り立ちますから，$\Box(\Box p \to p)$ がいえます．すると，すべての w_i で $\Box(\Box p \to p) \to \Box p$ は成り立ちません．よって，D4を成り立たせないモデルが得られました．

レオ D4を導くために，D1, D2, D3のほかに必要なことは何でしょうか？

先生 端的にいえば，不動点原理でしょう．不完全性定理やレーブの定理には不動点補題が使われていましたが，これをGLの不動点定理として述べれば，次のようになります．

GLの不動点定理

様相命題 $A(p)$ において原子命題 p はすべて $\Box$ の中に現れるとすれば，p を含まない様相命題 H が存在して，

$$\mathrm{GL} \vdash \Box(p \leftrightarrow A(p)) \leftrightarrow \Box(p \leftrightarrow H).$$

命題 p の性質を $A(p)$ が自己言及的に記述しているとき，それを満たす不動点命題 H が存在するというのが上の定理の主張です．

さくら いきなりすごいっちゃ！ こんなロジックの話，何も知らんでおしょすいごだ(恥ずかしいなあ)．

レオ 恥ずかしがることではないですよ．僕だってまだよくわからないから．

（独り言）でも，U矢の知識はすでにこの辺を越えているのかもしれない．鏡

の国から出てきたような鋭い感覚の男だ．あっ，ひょっとすると…お昼に確認してみよう．

先生 では，1つ問題を出しておきます．

問題 1

体系 K に D4 を加えるだけで，D3 が証明できることを示せ．（これは，純粋に様相論理の問題.）

美蘭 完全性定理によれば，証明可能性と任意のモデルで成り立つことは一致するので，$w \Rightarrow w'$ は「w' が w で定義される超準モデルである」と考えていいでしょうか？

先生 発想はとてもいいのですが，そもそも様相論理 GL には算術的な要素が何もないことに注意してください．各世界で命題 $0=1$ は真でもあっても偽であってもいいのです．しかし，GL で証明可能な様相論理式の原子命題に，任意の算術文を代入し，$\Box A$ を $\mathrm{Bew}_T(\ulcorner A \urcorner)$ で置き換えれば $\mathrm{I}\Sigma_1$ など適当な算術体系 T で証明可能になります．重要なのはその逆で，GL で証明可能でない文については適当な算術文を代入すると算術理論で証明できない算術文になります．これは**ソロベイの完全性定理**として知られています．

さくら ゲーデルは不完全性定理を証明するのに1階論理ではなく，高階論理，とくに2階論理を使って議論していたそうだけんど，どの教科書も1階算術の不完全性の話しか書いてないから，2階論理ではどうなるのかと思うのっしゃ．

先生 それについては，次の時間に話しましょう．

第 2 時限

2 階論理とは

先生 1階論理では，数学的構造の要素を表す変数に対する量化($\forall$ と $\exists$)を用いますが，要素間の関係や関数に対する量化を扱うのが**2 階論理**です．通常は，関係の量化のみを考えます．

2階の論理式の扱いは1階とあまり変わりませんが，2階量化には2つの解釈方法があって，これが混乱の原因になります．1つは，最初に1階構造

$\mathscr{A}$ を与えて，n 項関係変数 R の変域を A^n のあらゆる部分集合とするもので，このような解釈をもつ構造を2階論理の**標準構造**(standard structure)と呼びます．

> 2階論理の標準構造において，$\forall R\varphi(R)$ や $\exists R\varphi(R)$ の真偽を以下のように定義する．
>
> $\mathcal{A} \models \forall R\varphi(R) \Longleftrightarrow$
> 任意の $R \in \mathcal{P}(A^n)$ に対し $(\mathcal{A}, R) \models \varphi(R)$．
>
> $\mathcal{A} \models \exists R\varphi(R) \Longleftrightarrow$
> ある $R \in \mathcal{P}(A^n)$ が存在し $(\mathcal{A}, R) \models \varphi(R)$．

この定義では $\mathcal{P}(A^n)$ に対する要請が明確にされていないので，これだけでは形式化が不十分なのですが，デーデキントやペアノの時代にはそれを問題にすることはありませんでした．1階算術 PA の任意のモデル $\mathscr{M}$ に対して，0を含んで $+1$ で閉じているような最小の部分集合は $\mathbb{N}$ と同型で，それが2階の対象として存在するなら，$\mathscr{M}$ が数学的帰納法を満たすことから，$\mathscr{M}$ は $\mathbb{N}$ と一致しなければなりません．つまり，2階論理のもとで，算術のモデルは(同型を除いて)ただ一つしかないことになります．これは，2階算術で不完全性定理が成り立たないことを意味します．

さくら ゲーデルは2階論理を使って不完全性定理を証明すたでねぇすか．

先生 ゲーデルが使った2階論理はこれと違う種類のものでした．ゲーデルの定理を言い換えれば，標準構造に対する2階論理はうまく形式化できないという主張にもなります．さて，もう1つの2階論理は，2階変数 R の領域 $\mathscr{S} \subset \mathcal{P}(A^n)$ に対する条件を指定するもので，これを2階論理の**一般構造**(general structure)と呼びます．現代では2階論理といえば一般構造を考えるのが普通です．

一般構造について述べるのに，すべての2階論理式を扱うと表現が複雑になりすぎるため，ここでは**単項2階論理**を考えます．要するに，1変数関係(領域の部分集合)の量化だけを扱う2階論理です．この論理式に慣れるために，1つ問題を出しておきましょう．

問題 2

構造 $(\mathbb{N}, <)$ において，単項2階論理式を使い，次の集合を定義しなさい．

（1）X は偶数全体の集合である．

（2）X は有限で，偶数個の要素からなる．

一般構造の定義は次の通りです．

単項2階論理の**一般構造** $\mathcal{B} = (\mathcal{A}, \mathcal{S})$ は次の要素からなる：$\mathcal{A}$ は1階論理の構造で，$\mathcal{S} \subset P(A)$，かつ以下が成り立つ．

$\mathcal{B} \models \forall X \varphi(X)$

$\iff$ 任意の $X \in \mathcal{S}$ に対して $\mathcal{B} \models \varphi(X)$．

$\mathcal{B} \models \exists X \varphi(X)$

$\iff$ ある $X \in \mathcal{S}$ が存在して $\mathcal{B} \models \varphi(X)$．

一般構造が通常満たすべき仮定として，内包公理と選択公理があります．まず，内包公理について説明します．集合変数 X を含まない論理式 $\varphi(x)$ について，

$$\exists X \forall x (x \in X \leftrightarrow \varphi(x))$$

という主張が**内包公理**(comprehension axiom)です．つまり，$\{x : \varphi(x)\}$ が集合 X として2階領域に存在することを主張します．ちなみに $\mathcal{S} = \mathcal{P}(A)$ はこの条件を満たしますが，$\mathcal{P}(A)$ の可算部分集合でも満たすものがたくさん作れます．選択公理にもいろいろなバージョンがありますが，単項論理での扱いは少し難しいのでここでは省略します．

次の定理をヘンキンが証明しました．

2階論理の完全性定理

2階の文が(内包公理やそのほかの公理から)証明可能であるための必要十分条件は，(それらの公理を満たす)任意の一般構造において成り立つことである．

そのときだった．床と壁が大きく揺れ始めた．

さくら あっ，地震．おっきい．

長い振幅の揺れがしばらく続いたが，ものが落ちてくることもなく，僕は冷静に部屋のあちこちを観察した．すると，壁にかかった鏡に一瞬昨日と同じU矢の姿が映ったような気がした．彼は部屋の隅か窓の外にでもいたのだろうか．もう一度鏡をゆっくり見直したときに，その姿はなかった．

先生 揺れは収まったようですね．少し早いですが，ここでお昼休みにしましょう．私はほかの学生や職員たちの様子を見に行きますので，レオさん，あとをよろしく．

レオ じゃあみんな，外でお昼ご飯にしよう．

お昼時間．僕はみんなを先に外に出すと，昨日U矢が鏡に映したメモ帳を取り出し，同じように鏡に映した．メモ帳の文字は「I'M UYA」と読めたが，鏡に映った私は「AYUMI」と書かれたメモ帳を持っていた．偶然なのか誰かが仕組んだのかはわからないが，AYUMIとUYAはあの鏡をトンネルとするパラレル・ワールドに生きているようだ．そのとき，またちらっと人影が鏡に映った．しかし，まわりを見回しても誰もいない．僕は神経過敏になっているのだろうか？　ともあれ，みんなのところへ急ぐことにした．

春太 向こうに横一直線に伸びた雲があるっしょ．あれは地震雲というやつっすね．

きっとまた大きな揺れが来るよ．

秋介 おどかすなよ．この間も，ニュージーランドで大きな地震があったばかりじゃないか．2月22日だったよな．

春太 ナマズはぞろ目が好きらしいっすよ．近代ヨーロッパ最大のリスボン大地震は1755年11月1日だったし，安政江戸大地震は1855年11月11日だ．1955年には何があったと思う？

秋介 何かあったかな．

春太 8月18日に父ちゃんが生まれた．ぞろ目じゃない日，おめでとう．

美蘭 あなたたち，こんなときにくだらない話はやめてください．唐山地震も四川大地震もぞろ目ではありませんから．

レオ さっき教室の鏡に誰か映っていたような気がしたんだけど，ほかに気付いた人いないかい？

まどか 女の人が映っていたかもしれない．

レオ やっぱり，そうか．でも，この地震騒動で逃げちゃったのかな．

さくら あの，すいません．私，お店のことや家のことが心配なので，帰らなきゃない．U矢さんのことも気になるけんど，もし彼が来たらよろしく伝えてほしいっちゃ．ごめんなしてけらいん．

まどか わかったよ．先生にも伝えておく．気をつけてね．

昼休みが終って，教室に戻ると，僕は一瞬U矢の気配を感じたが，すぐに消えた．さくらさんが帰ったので，あとを追ったのかもしれない．

第3時限

ダイアレクティカ解釈

レオ 先程の地震で家のことが心配だとかいって，さくらさんは帰られました．

先生 残念ですね．さくらさんにも聞いてほしい話がこれからいろいろあるのです．あとで講義録をまとめて，さくらさんやほかの人にも読んでもらうようにしましょう．

さて，午前の授業では，様相論理の体系としてK, K4, GLを説明しました．しかし，様相論理で一番有名な体系はS4と呼ばれるもので，これはK4に$\Box A \to A$を公理として追加したものです．通常，S4の様相命題$\Box A$は，“A

は必然的(necessary)である”と解釈されます．ちなみに，$\Diamond A \equiv \neg\Box\neg A$ と定義すると，$\Diamond A$ は，“A は可能(possible)である”を表します．S4に対する多世界モデルの遷移関係は，推移律に加えて反射律を満たす擬順序になります．

ここで，問題を出しておきましょう．

問題3

次の様相論理に対する多世界モデルのフレームの特徴を調べよ．

（1）$\mathrm{S4.2} = \mathrm{S4} + \Diamond\Box A \to \Box\Diamond A$

（2）$\mathrm{S5} = \mathrm{S4} + \Diamond\Box A \to A$

様相論理を使うことで，様相演算を持たない命題論理のバリエーションを考えることができます．例えば，次のようにして，様相演算なし命題 A を様相命題 $A^{\Box}$ に変換してみましょう．原子命題 p を $\Box p$ に置き換え，含意 $A \to B$ と否定 $\neg A$ の前にも $\Box$ を付けるようにします．$A \vee B, A \wedge B$ はそのままです．すると，$A^{\Box}$ がS4で証明できることは，A が**直観主義論理**と呼ばれる体系の定理になることと同値になるのです．この翻訳は，ゲーデルが考案したものです．

ゲーデル翻訳で，排中律 $p \vee \neg p$ は，$\Box p \vee \Box\neg\Box p$ に翻訳されますね．これが成り立たないことを多世界モデルで示してみましょう．ある世界 w から，$w' \vDash \Box p$ となる世界 w' にも，$w'' \vDash \neg p$ となる世界 w'' にも推移できるとします．すると，w では $\Box\neg\Box p$ も $\Box p$ も成り立ちません．したがって，排中律は直観主義論理では成り立ちません．$\forall x A$ の前に $\Box$ をつけることで，ゲーデル翻訳は1階論理にも拡張できます．

古典1階論理と直観主義1階論理の間には，もっと直接的な翻訳もあります．次の翻訳は，ゲーデルとゲンツェンが独立に考案したものです．原子命題 p を $\neg\neg p$ に置き換え，$A \vee B$ を $\neg(\neg A^N \wedge \neg B^N)$，$\exists x \phi(x)$ を $\neg\forall x \neg\phi(x)^N$ に置き換える．すると，文の集合 S に対して，

$$S \vdash_{\text{古典}} \sigma \Longleftrightarrow S^N \vdash_{\text{直観主義}} \sigma^N$$

要するに，$\vee$ と $\exists$ を使わなければ，直観主義も古典論理と変わらないということです．

次に，直観主義論理のもとでの算術について考えましょう．ペアノ算術に

おける論理部分を直観主義1階論理に置き換えたものを**ハイティング算術** HA と呼びます．上のような翻訳を使わずとも，次のことがすべての算術式 A についていえます．

$$\mathrm{PA} \vdash A \Longleftrightarrow \mathrm{HA} \vdash \neg\neg A$$

すると，ハイティング算術の無矛盾性と，ペアノ算術の無矛盾性は同値になります．さらに，ゲーデルはこの算術の無矛盾性の問題を高階関数の計算問題に落とし込みました．これは，彼が心酔するライプニッツの標語「計算しよう！」に符合しているように見えます．

レオ 明日のペリパトス授業が楽しみですね．さくらさんも来てくれるかなあ．

先生 午前中には2階算術の話をしました．そのときは自然数が1階の対象で，自然数の関係や関数が2階の対象でした．さらに2階の対象上の関係や関数を考えれば，3階の対象になります．こうして階数をあげていってできる関数を**高階関数**あるいは**汎関数**と呼びます．

重要なことは，高階関数にもやはり計算可能性の概念が定義できることです．とくに，原始再帰的な定義によって得られる高階関数が**原始再帰的汎関数**です．しかし，どのような高階関数も適当な入力を与えれば階数が下がり，最終的には自然数の値を出すまでになるので，原始再帰的汎関数の理論は，自然数レベルの等式理論として定式化できます．この等式理論は**ゲーデルの体系 T** と呼ばれます．

秋介 先週の1回目の授業が等式理論だったのは，ここにつながっていたのですね．

先生 体系 T の定義にはいろいろ準備が必要なので，ここで詳細を述べることはできませんが，これを用いた無矛盾性証明の荒筋を見ておきましょう．

まず，ゲーデルは1階算術の論理式 φ を，$\exists\vec{x}\forall\vec{y}\varphi_D$ の形をした高階算術の論理式 φ^D に翻訳します．ここで，φ_D は量化記号を持たない式です．この翻訳は，論文が載った雑誌名をとって，**ダイアレクティカ解釈**と呼ばれます．大雑把には，構成的なスコーレム化といえるでしょう．

ダイアレクティカ解釈

・P が原始式のとき，$P^D = P_D = P$

以下，$\varphi^D = \exists\vec{x}\forall\vec{y}\varphi_D$，$\psi^D = \exists\vec{u}\forall\vec{v}\psi_D$ として，

・$(\varphi\wedge\psi)^D = \exists\vec{x},\vec{u}\forall\vec{y},\vec{v}(\varphi_D\wedge\psi_D)$

・$(\varphi\vee\psi)^D = \exists z,\vec{x},\vec{u}\forall\vec{y},\vec{v}((z=0\wedge\varphi_D)\vee(z=1\wedge\psi_D))$

・$(\forall z\varphi(z))^D = \exists\vec{X}\forall z,\vec{y}\varphi_D(\vec{X}(z),\vec{y},z)$

・$(\exists z\varphi(z))^D = \exists z,\vec{x}\forall\vec{y}\varphi_D(\vec{x},\vec{y},z)$

・$(\varphi\to\psi)^D = \exists\vec{U},\vec{Y}\forall\vec{x},\vec{v}(\varphi_D(\vec{x},\vec{Y}(\vec{x},\vec{v}))\to\psi_D(\vec{U}(\vec{x}),\vec{v}))$

・$(\neg\varphi)^D = \exists\vec{Y}\forall\vec{x}\neg\varphi_D(\vec{x},\vec{Y}(\vec{x},\vec{v}))$

すると，次の定理が成り立ちます．

定理

HA の定理 φ に対して，$\varphi^D = \exists\vec{x}\forall\vec{y}\varphi_D$ とおくと，ある原始再帰的汎関数の列 $\vec{F}$ が存在して，$\forall\vec{y}\varphi_D(\vec{F},\vec{y})$ がゲーデルの体系 T で証明できる．

ここで，$\varphi_D(\vec{F},\vec{y})$ は原始再帰的汎関数に関する等式の命題結合ですが，1つの等式としても表せます．重要になるのは，HA から T への翻訳の妥当性を確かめることですが，残念ながらやはり時間が足りません．しかし，それを認めれば，HA の矛盾式 $0=1$ はそのまま T の矛盾式 $0=1$ に翻訳され，T において $0\neq1$ は明らかなので，HA の無矛盾性が証明されたことになるのです．

美蘭　ロジックの世界って，想像していた以上にダイナミックです．

まどか　さくらちゃんにも教えてあげなくちゃ．

演習：ゴジラ

昼前の地震では学園に被害はなかったが，念のため今後の地震対応について先生と話し合ってから，演習のクラスに向かった．授業もここまで進むと，僕にも即座には答えられない問題もあり，いくらか緊張しながら教室に入った．

まどか さっきの地震，怖かった！

春太 お山の魔人が出ようとして暴れているんじゃないっすか．みんなで魔人封じのお祈りした方がいいっすよ．

レオ またいい加減なことを．震源は海の方らしいよ．

春太 じゃあ，ハマの大魔神っす．

まどか ゴジラかもしれないよ．

美蘭 すぐ影響受けますね．

レオ ゴジラって，日本の戦後9年目の映画でしょ．せっかく復興した東京をまたメチャクチャに破壊するなんて，日本人は自虐的すぎるよ．それにしても，半世紀以上前の日本の生活が今とあまり変わっていないのには驚いたなあ．

秋介 戦後の10年はオリジナリティや活力があったのに，その後の半世紀はリメイクばかりで惰性っぽいってことですか？

レオ そんなこと言っていないよ．また自虐的だな．

春太 だから，イマジネーション訓練が必要なんす．チューターをヒゲゴジラ先生に変えてもらえませんか？

美蘭 この人，大魔神と一緒に狼谷に封じ込めた方がいいです．

レオ 今日の問題は時間がかかりそうだから，早速始めさせてもらうよ．じゃあ，最初春太さん，どう？

問題 1

体系 K に D4：$\Box(\Box A \to A) \to \Box A$ を加えるだけで，D3：$\Box A \to \Box\Box A$ が証明できることを示せ．

春太 なんかヒントくれないっすか？

レオ □ が次の分配法則を満たすことを示しておくと，見通しが良くなりそうだけど．

$$\Box(A \wedge B) \leftrightarrow (\Box A \wedge \Box B)$$

春太 頼りないチューターだ．それくらいわかるよ．

> レオのヒント　　　春太
>
> $(A \wedge B) \to A$ はトートロジー．D1 により，$\Box((A \wedge B) \to A)$．これと D2 から，$\Box(A \wedge B) \to \Box A$．同様に $\Box(A \wedge B) \to \Box B$ もいえ，$\Box(A \wedge B) \to (\Box A \wedge \Box B)$．
> 逆は，$A \to (B \to (A \wedge B))$ がトートロジー．
> D1 と D2 から，$\Box A \to \Box(B \to (A \wedge B))$．さらに，
> D2 から，$\Box A \to (\Box B \to \Box(A \wedge B))$．すなわち，
> $(\Box A \wedge \Box B) \to \Box(A \wedge B)$．

春太 この先は，レオもわかんないんじゃないの？

レオ 正直，まだできてはいないよ．こういう問題は，やっぱりまどかさんに…．

まどか ええ…そんな…．

美蘭 あなたならできる．

> 問題 1　　　まどか
>
> トートロジーで，$(A \wedge \Box A \wedge \Box\Box A) \to (A \wedge \Box A)$．
> 分配法則と合わせ，$(A \wedge \Box(A \wedge \Box A)) \to (A \wedge \Box A)$．
> すなわち，$A \to (\Box(A \wedge \Box A) \to (A \wedge \Box A))$．これと
> D1 と D2 で，$\Box A \to \Box(\Box(A \wedge \Box A) \to (A \wedge \Box A))$．
> D4 より，$\Box(\Box(A \wedge \Box A) \to (A \wedge \Box A)) \to (A \wedge \Box A)$
> だから，$\Box A \to \Box(A \wedge \Box A)$．
> また分配法則で，$\Box A \to (\Box A \wedge \Box\Box A)$．
> 命題論理の推論で，$\Box A \to \Box\Box A$．

美蘭 太棒了！

春太 レオはチューター失格っすね．

レオ う〜ん…負けは素直に認めよう．では，次は秋介さんに．

問題 2

構造 $(\mathbb{N}, <)$ において，単項２階論理式を使い，次の集合を定義しなさい．

（１）X は偶数全体の集合である．

（２）X は有限で，偶数個の要素からなる．

秋介 私には何かヒントは？

レオ 答えは一通りではないよ．(1)は２階論理式を使わないでも書ける．0から始めて１つ置きに X の要素にすればいいからね．(2)は，まず否定を考えるといいよ．X の元を最小数から１つ置きにとって部分集合 Y を作るとき，X に最大数があればそれも Y に入るといえばいい．

秋介 なるほど，さすがレオさんだ．

問題2　　秋介

(1) $0 \in X \Longleftrightarrow \exists x(\forall y(x \leqq y) \wedge x \in X)$,
そして $y = x+1 \Longleftrightarrow x < y \wedge \neg \exists z(x < z < y)$
とおく．すると，“X は偶数全体” $\Longleftrightarrow 0 \in X \wedge \forall x, y(y = x+1 \rightarrow (x \in X \leftrightarrow y \notin X))$.

(2) “X は奇数個または無限個の要素からなる”
$\Longleftrightarrow \exists Y(Y \subseteq X \wedge (\forall x \in X \exists y \in Y(y \leqq x) \wedge \forall x \in X \exists y \in Y(x \leqq y)) \wedge \forall x, x' \in X(\neg \exists x'' \in X(x < x'' < x') \rightarrow (x \in Y \leftrightarrow x' \notin Y))$.
“X は有限で，偶数個の要素からなる”は，その否定だ．

レオ いいね!!　では，最後の問題に行こう．

問題 3

次の様相論理に対する多世界モデルのフレームの特徴を調べよ．

（1） $\mathrm{S4.2} = \mathrm{S4} + \Diamond\Box A \to \Box\Diamond A$.

（2） $\mathrm{S5} = \mathrm{S4} + \Diamond\Box A \to A$.

レオ S4に対する多世界フレームの遷移関係は，推移律と反射率を満たす擬順序になることは仮定していいよ．問題は，それぞれの追加公理を満たすことが，遷移関係のどんな性質と同値になるかです．

まどか 追加公理を満たす性質と答えたらいけないのかなと思ってしまうのでした．

レオ それも間違いとはいえないけれど，2項関係について，一般によく扱われる性質がいくつかあるのです．自分で気付くのは難しいかもしれないので，答えをいいますから同値性を示してください．まず(1)の性質は，**合流性**(弱い有向性)といわれるものになります．つまり，$w_0 \Rightarrow w_1$ かつ $w_0 \Rightarrow w_2$ ならば，$w_1 \Rightarrow w_3$ かつ $w_2 \Rightarrow w_3$ となる w_3 が存在するというものです．では，その同値性を示すのは，美蘭さんにお願いしましょう．

問題3（1）　美蘭

合流性をもつ擬順序$(W, \Rightarrow)$の(任意の)モデルで$\Diamond\Box A \to \Box\Diamond A$が成り立つことをいう．そのようなモデルの任意の世界w_0を選び，そこで$\Diamond\Box A$が成り立っているとする．すると，ある$w_1 \Leftarrow w_0$において，$\Box A$が成り立つ．次に，任意の$w_2 \Leftarrow w_0$をとる．すると，$w_1 \Rightarrow w_3$ かつ $w_2 \Rightarrow w_3$ となるw_3が存在する．w_1で$\Box A$が成り立つので，w_3でAが成り立つ．よってw_2で$\Diamond A$が成り立つ．w_2の任意性から，w_0で$\Box\Diamond A$が成り立つ．

逆を示すために，合流性の成り立たない擬順序$(W, \Rightarrow)$をとる．このとき，$w_0 \Rightarrow w_1$ かつ $w_0 \Rightarrow w_2$ だが，w_1とw_2が合流しないような3世界w_0, w_1, w_2がある．そこで，$w_3 \Leftarrow w_1$となるようなすべてのw_3で命題pは真，それ以外のすべての世界で命題pは偽であるとする．すると，w_1で$\Box p$が成り立ち，w_0で$\Diamond\Box p$が成り立つ．しかし，w_2はw_1と合流しないので，そこで$\Diamond p$は成り立たない．したがって，w_0で$\Box\Diamond p$は成り立たない．$\Diamond\Box A \to \Box\Diamond A$が成り立たないモデルが得られた．

まどか ミランちゃん，カッコいい！

レオ 完璧ですね．(2)はもう少し簡単ですよ．答えは対称性($w_0 \Rightarrow w_1$ ならば $w_1 \Rightarrow w_0$)になります．対称性をもつ擬順序は，**同値関係**ともいいますね．

美蘭 まどかさん，私の答えを参考にやってみるといいですよ．

まどか 私，こういう問題は…．

美蘭 大丈夫，できます．考えないで，感じるのよ．

> 問題3 (2) まどか
>
> 同値関係のフレームでは，ある $w_1 \Leftarrow w_0$ について，任意の $w_2 \Leftarrow w_1$ で A が成り立つとすれば，w_0 もそのような w_2 のひとつだから A が成り立つ．つまり，任意の w_0 で $\Diamond\Box A \to A$ が成り立つ．
>
> 逆に対称性を持たない世界 w_0 があれば，そこで命題 p は偽，その他のすべての世界で命題 p は真とすれば，w_0 で $\Diamond\Box p \to p$ は成り立たない．

美蘭 超級棒(チヤオジーバン)！

その頃，純喫茶カンディードでは，こんな会話がされていた．

マスター お嬢様，お帰りなさい．さっきU矢の野郎が来て，お嬢様に文(ふみ)を置いていきました．

さくら なんだっぺ．こげんなもの．

> これはAYUMIからの伝言です．
>
> いますぐお家にお帰りください．あと2日間は，お店を休んで学園かお家にいてください．決して遠出はしないように．私との約束を守ってくれたら，そのうちお会いできます．

さくら えええっ．あゆみちゃんが生きているらしいっちゃ．

マスター 笑止千万．あいつの言葉を信じるおつもりですか？

さくら わかんねぇっちゃ．でも信じてあげたら，あゆみちゃんに会えるかもしれないっちゃ．マスター，金曜まで休ましてけさいん．

マスター お父上のもとで蟄居(ちつきょ)されるのは結構ですが，あの学園は怪しいですぞ．どうかお気をつけくださいませ！

ランダム性と不完全性定理

3月10日．僕はみんなのバスより一足早く，自転車で学園に向かった．大地震の前に動物たちが異常な行動をとるというが，一部の人間にもそういう行動は現れるのかもしれない．この数日のU矢の不可思議な行動や，それに共鳴するようなさくらさんの動きなども，いまなら震災につながる行動と分析できる．しかし，自転車を漕いで山を登る僕の頭にこれから起きる大惨事がよぎることはなく，ただただくらさんにロジックを続けてほしいと願うだけだった．

学園に着くと，昨日と同じように彼女は1人で教室にいた．

レオ おはよう．さくらさんはいつも早起きだね．昨日の地震で，山の下のお店は大丈夫だった？

さくら お店にとくに被害はなかったけんど….

レオ ほかに何かあったの．

さくら U矢さんの姉のあゆみちゃんから，私にメッセージが届いたのさ．お店にいてはだめだって．

レオ U矢が書いたんじゃない？

さくら そうかなぁ．でも，私はあゆみちゃんが生きているように感じるのっしゃ．

レオ なんでお店にいてはいけないのだろう．勉強しなさいということかな．

さくら わかんない．でも，特別授業もあと少しなので，続けてみるっちゃ．早速，昨日の授業について教えてけさいん．

レオ ああ，午後はゲーデルのダイアレクティカ解釈による算術の無矛盾性証明について説明があったよ．

さくら そう，聴きたかったな．

レオ 先生は，さくらさんや，今回参加できなった人のために講義録を作る計画を話されていたから，それができたら復習するといいね.

さくら それはうれしいっちゃ．あのさ，午前中の授業を聴いていて不思議に思ったんだけど，□で必然性，◇で可能性を表すとすれば，結局どの様相体系が正しいんだすぺ？

そのとき，また賑やかな声が次々と入ってきた.

まどか あっ，さくらちゃん！ おはよござりす！

美蘭 また1つ土地の言葉を覚えたのね.

春太 質問があったらオレに聞いてほしいっす.

秋介 それはやめておいた方がいい.

さくら なんだりかんだり様相体系が出てきて，どれが本物かわからないって聞いてたのさ.

まどか 同じ種類の様相記号の並びを1つの様相にまとめることができるのがS4で，違う種類の並びでも一番内側の様相だけにできるのがS5でしょ.

秋介 ええっと，S4では $\Box\Box\Box A = \Box A$，S5では $\Box\Diamond\Box A = \Box A$ ということかあ．たしかにそういう計算で良さそうだ．ダイアレクティカ解釈もそうだったけど，公理系を計算に変えることが自然にできる人たちもいるわけだ.

さくら 私は，すべてが計算に還元できるというライプニッツの考え方には納得できないっちゃ.

春太 サクラッチーナには楽天主義が似合うっすよ.

美蘭 無視しましょう.

レオ 世の中計算通りに行かないことも多いけど，計算に頼らないというのも無理だと思うけどなあ．ライプニッツの楽天主義を批判したヴォルテールの『カンディード』の頃と違って，地震だってだいぶ予測できるようになっているよ.

春太 あの店はアンチ楽天だったのか，許せんな.

さくら したっけ，S4とS5ではどちらが正しいのっしゃ？

レオ これは，先生に聞いてみるといい．そろそろ授業が始まる．今日はペリパトスの木曜日だからね．ホールに集合だ.

第1時限

森の中で神の存在証明

先生 おはようございます．今朝はさくらさんが出席，U矢君がお休みですか．では，散歩に出かけましょう．何か質問や聞きたいことはありませんか？

さくら 必然性と可能性を表す様相体系は，どれが正しいのだべ….

先生 面白い質問ですね．答えになるかどうかわかりませんが，ゲーデルが神の存在を証明した際に用いた体系はS5でした．

春太 ゲーデルはそんなこともやっていたのっすか．隅に置けない奴だ．

さくら もう少し教えてけさいん．

先生 まずゲーデルの議論の前半を簡単に説明します．あらゆる性質を，ポジティブな性質とネガティブな性質に分けて，すべてのポジティブな性質をもつようなものを「神」と定義します．もしある性質に対して，それを有するものが絶対に存在し得ないようなら，その性質はネガティブであり，逆にポジティブな性質であれば，それを有する何かが存在する可能性があります．このことから，神は存在する可能性があると推論できます．また，(神が)必然的に存在することはポジティブな性質なので，神が存在すれば，神は必然的に存在するともいえます．

ここからが様相論理の話です．「神が存在する」をGと表せば，上で導いたことは，$\Diamond G$と$G \to \Box G$という2つの命題になりますね．いま，$G \to \Box G$から$\Diamond G \to \Diamond \Box G$を導くのは体系Kでもでき，通常の三段論法により$\Diamond \Box G$が推論できます．つまり，特定の様相論理によらず，$\Diamond \Box G$までは導けたといっていいでしょう．そこで，最後にS5を使うと，$\Box G$やGが導かれるのです．

秋介 昨日の講義で，S5の公理は$\Diamond \Box A \to A$となっていましたが，$\Diamond \Box A \to \Box A$でもいいのですか？

先生 それらはS4上では同値です．$\Box A \to A$が仮定されていれば，$\Diamond \Box A \to \Box A$から公理が導けます．また，$\Box A \to \Box \Box A$が仮定されていれば，公理を使って，$\Diamond \Box A \to \Diamond \Box \Box A \to \Box A$もいえます．

秋介 なるほど．答えを聞くと簡単に思えますが，私にはちょっと思い付きません．

さくら S4までは納得できんだけんど，S5の公理を使ってしまうと，神の存在証明にも説得力が欠ける感じがするのっしゃ．

先生 ゲーデルは論文として公表したわけではなく，メモ書きを残しただけなので何ともいえませんが，その後の研究者たちの中にゲーデルの議論を支持する人は結構いますよ．

まどか S4.2 の公理 $\Diamond\Box A \rightarrow \Box\Diamond A$ は美しい形だけど，どうして正しいのかわかんないよ．その逆は，S4.2 で成り立つのかなと思ってしまうのでした．

先生 いいセンスしていますね．答えだけいうと，その逆は S4.2 で成り立ちませんし，両向きを公理としても，まだ S5 にはならないのです．

さくら ますます S5 は真理から遠いように感じてしまうのっしゃ．

美蘭 質問を変えていいですか？ 数学の「ならば」は，因果律ではないということでしたが．

先生 そうでしたね．そもそも因果というのは，よくわからないものですよ．たとえば，「午後は雨だから，傘をもっていく」という場合，どちらが原因でどちらが結果ですか？

さくら 心理的な原因は，過去にあるとは限らないということだべか．でも，物理的な因果はなじょすたらいがんべ？

先生 太陽が東から昇ることは，西に沈むことの原因といえるでしょうか？ 通常の一日では，時間的な前後関係は明白です．しかし，一日の定義を変えると前後関係も変わりますね．

秋介「タマゴとニワトリ」論争みたいですね．一度しか起きない事象ならどうでしょうか？

先生 一回しか起こらないとしたら，それが起きたときに発生している状態のどれが本当の原因か特定できません．例えば，たまたまカラスが鳴いているときに起きた事故は，カラスが原因かもしれないし，そうでないかもしれない．

美蘭 因果法則を厳密に定めるのは無理なのですか？

先生 因果関係は事物間の必然的なつながりではなく，観察者の心理的な習慣にすぎないというヒュームの見解は反論し難いように思います．

まどか 鏡の私が笑うのは，本当の私が笑ったのが原因に思えたら変かな．

春太 そりゃ変っす．マイケル・ジャクソンだって「世の中を良くしようと思うなら，まず鏡の中の人(Man in the mirror)を変えろ」って唱ってるぜ．

秋介 君ってやっぱり天才だね．

さくら 2つの問題を混同させないでほしいっちゃ．1つは私の心と私の行動の関係，もう1つは私の行動と鏡の私の行動の関係なのっしゃ．私の行動の原因が私の心だば，鏡の私の行動の原因は鏡の私の心と考えるのが自然だっちゃ．

春太 クールっすね．

先生 数学の「ならば」はある種の必然性を伴うがゆえに，因果関係でないという見方もできるのかもしれません．アリストテレスは『分析論後書』でこんなことを述べています．「数学においては，前提と結論を置き替えることがよくある．なぜなら，前提になるのは定義であって，偶然の出来事ではないからである」．

さくら 逆命題を考えることができるのが，数学の命題の特徴ということだなやあ．

このとき，僕たちは学園の裏の森を歩いていた．すると，前方の茂みに黒いものが動いているのが見える．なんだろう…どうやら大きな動物…熊らしい．

春太 みんな死んだふりをしろ!!

先生（小声で） いや，こういうときに不自然な行動をとってはいけませんよ．むこうはもう私たちの動きに気付いているはずですから．ゆっくり後退りをして，この場を離れるのです．

後退りしても，熊らしきものはだんだんと距離を縮めてきた．いつこちらに突進してくるかもしれない．すぐにも走って逃げたかったが，隊列を崩すと余計危ないと思い，努めて冷静を装いながら，みんなでゆっくりとした動作を続けた．

次の瞬間，バイクの爆音がけたたましく鳴り響いた．近くの岩山からの反響もあって音は体が揺らぐほどの大音量となり，熊は瞬時に森の奥に姿を消した．

レオ いまだ，みんな急いで学園に戻れ！ 先生，僕の腕をしっかり掴んでいてください．

先生 いやはや．たいへんな散歩でした．バイクの人に助けられましたね．

レオ（独り言） U矢に違いない．

第2時限

ランダムネスとは

先生 美蘭さんは「混沌(こんとん)」の話を知っていますか？

美蘭 混沌は目も口もないお化けで，誰かがお節介に目や口を付けてやったら死んでしまったという中国民話です．『荘子』では単なるお化けではなく，ある国の帝とされていますが．

先生 ありがとう．混沌のように捉えどころがないこと自体が，その特徴であるようなものは，ほかにもいろいろありますが，これから議論するランダム性もその1つですね．デタラメとか予測不能と読み変えても，意味が明確になりません．

コルモゴロフは確率の意味付けを横に置いて，公理的に確率論を扱うことで大きな成果を上げました．それに対し，フォン・ミーゼスはランダム性の概念をベースに確率の諸法則を導こうとしました．それでも結局ランダム性はうまく捉えられなかった．その後，計算(不)可能性の概念を用いてランダム性を最初に定義したのがチャーチです．続いて，多くの人が多くの定義を考案し，1970年代くらいからそれらの相互関係も明らかになってきました．

現在，ランダム性はおおよそ次の3つの観点において，それぞれに扱いにくい数列あるいは文字列として定義されています．（次ページ黒板を参照）

ランダム性は，次の3つに分類される．

1. **[計算の複雑さ]** ランダム性をデータの圧縮しにくさと解する．代表的なものとして，有限列の「コルモゴロフ・ランダム性」がある．
2. **[統計的検定]** 計算的に記述される測度0集合に入らない無限列をランダムと考える．
   マルティン－レーフによる定義が有名であり，具体例に「チャイティンのΩ」がある．
3. **[賭けの予測]** 次に出る文字(数)を予測する賭けをしてもうまく勝つ方法がない数列をランダムとする．どんな計算可能マルティンゲールでも成功できない「計算可能ランダム性」など．

まず，上記1のランダム性と不完全性定理の関係を扱います．このランダム性は，有限列に対するものであることに注意してください．

万能チューリング機械UTMについて思い出してください．これは，有限記号列 w の入力に対して，所定のプログラム P に従った一連の計算ステップを逐次実行して，有限時間に停止して有限記号列 s を出力するか，永遠に停止しない．つまり，UTMは，プログラム P と本来の入力データ w のペア (P, w) を受け取り，(停止すれば)文字列 s を出力する機械です．以下では，UTMをひとつ固定しておきます．

文字列 s の**コルモゴロフ複雑性** $C(s)$ は，UTMにその列 s を出力させるための文字列 (P, w) の長さ $|(P, w)|$ の最小値と定義します．例えば，円周率 π の十進小数展開における最初の10億桁の数字列 s の複雑さは，円周率を計算するプログラム P と，求める桁数 w (= 10億)のペアによって決まります．しかし，円周率を計算するプログラムにもいろいろありますし，また「10億」を表す w の表現も多様です．あるいは，円周率を10億桁求めるプログラムと空な入力データの組合せでもいいのです．いずれにしても，UTMにその10億桁の数字列 s を打ち出させるための文字列 (P, w) の長さの最小値が $C(s)$ です．

美蘭 これでは，UTMの選び方によって定義されるコルモゴロフ複雑性 $C(s)$ の値が変わるので，とても曖昧に思えます．

先生 たしかに具体的な値は変わってしまうのですが，2つのUTMによって定義されるコルモゴロフ複雑性を$C(s), C'(s)$とするとき，$C(s)$と$C'(s)$の差は定数$O(1)$以内であることが示せるので，十分大きな文字列sについてその複雑さの特徴を調べるにはこれでも十分です．演習問題を出しておきましょう．

問題1

（1）2つの異なるUTMによって定義されるコルモゴロフ複雑性を$C(s), C'(s)$とするとき，$C(s)$と$C'(s)$の差は定数$O(1)$以内であることを示せ．

（2）$C(ss) \leqq C(s)+O(1)$が成り立つことを示せ．

しかし，$C(st) \leqq C(s)+C(t)+O(1)$は一般にいえません．興味のある人はその理由を考えてみてください．なお，ここで，ssやstは2つの文字列の連接です．それから，定数はcなどで表すとほかの文字と混同しやすいため$O(1)$と書きます．

さて，$C(s) \leqq |s|+O(1)$は明らかでしょう．ただし，$|s|$は列sの長さです．これには，入力をそのまま出力するプログラムを考えればいいだけです．$C(s)$が$|s|$よりずっと小さくなるような文字列sは(顕著に)圧縮可能であるといい，文字列の複雑さがその長さに近いときには(顕著な)非圧縮性をもつといいます．ここで，どんなnに対しても，長さnの非圧縮列，つまり複雑さがn以上の列が少なくとも1つは存在することが，次のような数え上げ論法から導かれます．すなわち，(二進コードで表して)長さがnより小さいプログラムと入力のペアの総数は高々$1+2+2^2+\cdots+2^{n-1}=2^n-1$個ですが，長さ$n$の二進列は$2^n$個存在します．このような非圧縮列を**コルモゴロフ・ランダム**と呼ぶのです．

この複雑性の概念を用いた不完全性定理について述べましょう．いま，Tを「初等的な算術」を含む無矛盾な形式体系とします．とくに，Tは(ゲーデル数を使うなどして)コルモゴロフ複雑性$C(s)$を体系の言語で表せるものとしておきます．簡単のため，Tの健全性(偽な言明を証明しない)を仮定しておきます．

チャイティンの不完全性定理. (理論Tに依存した)数nが存在して，どんな列sに対しても，言明「$C(s) > n$」はTで証明されない.

(証明) 主張を否定し，いくらでも大きなnに対しても，あるsが存在して，「$C(s) > n$」がTで証明されるとする. いま，Tの定理全体を枚挙するプログラムをtとし，$n \geqq$「nを表す数字の桁数」$+ |t|$とする. nより複雑さの大きい列sを生成するには，「$C(s) > n$」の形の最初の定理を見つけるまで，Tの定理を次々と調べればよい. すると，nを示す数字と，文字列tだけを使ってsが得られるので，$C(s) \leqq (n$の桁数$) + |t| \leqq n$となる. これは，Tの定理$C(s) > n$に矛盾する.

nを定理のようにとります. 十分複雑な列sを選べば，言明「$C(s) > n$」は真となるはずだから，Tが偽な言明を証明しない限り，「$C(s) > n$」はTで(証明もされず)反証もされない言明になるのです.

チャイティンの不完全性定理から，圧縮可能列(非ランダム列)の集合が，ポストの意味での「単純集合」になることが簡単に導けます. 単純集合とは，無限CE集合で，その補集合も無限集合であるけれど，無限CE集合を1つも部分集合に含まないものです. つまり，単純集合の外側には無限個の要素があるけれども，どんな機械的手順もそのうちの有限個しか生成できません.

まず，$C(s) < |s|$となる列sの全体がCEであることは容易にわかります. さらに，その補集合，つまりランダム列の集合には無限のCE部分集合は存在しません. というのは，もしそれがあれば，「$C(s) \geqq |s|$」という真なる言明からなる無限CE集合が得られ，それを公理に含む理論を作れば，いくらでも大きいnについて，列sが存在して「$C(s) > n$」という言明を証明できるので，上の定理に矛盾するからです. この事実を別な言い方で述べれば，無矛盾な理論は「sがランダムである」という言明を有限個しか証明できないことになります.

午後は，無限列のランダム性について話します.

お昼時間.

まどか 今朝の熊は大きくてこわかったよ．昨日の地震で目を覚ましたのかな．

美蘭 バイクの音に救われましたね．

春太 あれ，きっとストーカーのU矢っすよ．

秋介 正義の味方のストーカーだね．

さくら 森の生き物を脅かすのはすかねぇだぉん．今回はそれで良くても，次に出会ったらもっと危険かもしれねぇのっしゃ．

美蘭 さくらさんは，怖くなかったの．

さくら これまで，何度も出会ってっから．

まどか そんなときどうしていたんですか．

さくら ここ通してほしいっちゃと，優しく声をかけるのっしゃ．

まどか 土地の言葉で話さないと通じないのね．

さくら それはどうかわかんねぇけんど，安心して一緒に暮らせることを伝えるのが大切なんだっちゃ．

春太 熊と話すなんてきいたことないっすよ．

レオ 誰にでも使える方法ではないかもしれないけれど，さくらさんがそう信じてそれでうまくいっているのなら，それが正しいのかもしれないね．

秋介 誰にもいつでもあてはまるものでないと，科学的真理とはいえないでしょう．

レオ 誰にもいつでも効く薬はないからなあ．

美蘭 レオさん，何だか変わりましたね．器が大きくなったみたいです．

春太 ランダム性のような非論理的なものを学んだために，みんな頭おかしくなっていないっすか．あの熊だって，U矢が連れてきたかもしれないっすよ．

秋介 それはネガティブな命題だけど，可能性はある．

春太 いずれオレ様は様相体系 S6 を発明して，悪魔の存在とか証明してみせるぞ．そのときに，器が大きくなったみたいなんて言っても遅いからな．いまのうちにいっておけよ．ガッハッハ．

レオ 楽しみにしているよ．

第 3 時限

無限列のランダム性とチャイティンのΩ

先生 午前中には有限列のランダム性を扱いましたが，この時間は無限列に対するランダム性を扱います．ランダム性の 3 種類の定義の 2 番目と 3 番目になります．

まず，2 番目のマルティン=レーフによる定義についてです．これには位相と測度の概念を使いますので，苦手な人は少し外を見ていてください．二進無限列からなるカントル空間 2^ω について考えます．有限二進列 s を接頭部とする無限二進列 A の全体を $[s]$ で表します．$[s]$ は 2^ω の開かつ閉な部分集合です．一般の開集合 U は $\cup\{[s] : s \in S\}$ と表せ，S が CE のとき U も CE といいます．また，2^ω 上の測度は $\mu([s]) = 2^{-|s|}$ を満たすルベーグ測度です．なお，$|s|$ は s の長さです．

マルティン=レーフのテスト(**ML テスト**)とは，CE 開集合の CE 列 $\{U_n\}$ で，$\mu(U_n) \leqq 2^{-n}$ を満たすものです．無限列 A が ML テスト $\{U_n\}$ に合格するとは，$A \notin \cap U_n$ となるときをいい，すべての ML テストに合格する無限列は **ML ランダム**といいます．

さくら なぜ，ML テスト $\{U_n\}$ を CE 開集合の CE 列にしなきゃないのすかや？

先生 この定義には，いろいろなバリエーションがあります．しかし，計算可能性の概念をベースにして考えると，一番自然な定義はここに落ち着くのです．開集合 $\cup\{[s] : s \in S\}$ は，S が計算可能でも CE でも変わらないのですが，さらにその列を考えるなら，両方 CE として議論した方が扱いやすいのです．

では，1 つ質問です．計算可能な無限列 A をはじく(合格させない) ML テストを考えてください．

美蘭 A の最初の n 桁を $A \upharpoonright n$ で表して，$\{[A \upharpoonright n]\}$ を ML テストにすればいいと思います．

先生 そうですね．これで，計算可能なランダム列はないことがわかりました．

秋介 まだよくわからないのですが，A が計算可能ではないとき，A の中に明らかに0が1よりたくさん現れるとしたら，ランダムでないと思うのですが，どうやってMLテストを作れますか？

先生「明らかに0が1よりたくさん現れる」がどういうことかにもよるでしょうが，たとえば単純に偶数桁がすべて0というような場合を考えましょう．$2n$ 桁まで調べると，全体の 2^{2n} 個の中にそれを満たす有限列は 2^n 個あるから，それらを S として，$U_n = \cup\{[s] : s \in S\}$ とおけば，$\mu(U_n) = 2^n \cdot 2^{-2n} = 2^{-n}$．つまり，$\{U_n\}$ はMLテストになっています．

秋介 なるほど，偶数桁がすべて0であるような A は，計算可能でなくても，これで捕まりますね．

先生 この例のようなランダム性については，3番目の定義にうったえてもいいかもしれませんが，それはあとにしましょう．

次に，MLランダムと有限のランダム列との関係を見るため，コルモゴロフ複雑性の定義に少し手を加えます．具体的には，チューリング機械に**反鎖**(anti-chain, prefix-free)条件を加えます．つまり，2つの異なる入力記号列 v, w に対してTMが停止する場合，一方の列が他方の列の接頭部にならないとします．そのようなTMの典型は，入力ヘッドを一方向だけに動かし，いったん受理状態に入れば，その延長となる列はすべて却下するものです．すると，反鎖TM全体に対する反鎖UTMが存在することは簡単にいえます．

反鎖UTM M が極小であるとは，それによるコルモゴロフ複雑性を $C_M(s)$ としたときに，任意の反鎖TMによるコルモゴロフ複雑性 $C(s)$ に対して，$C_M(s) \leqq C(s)+O(1)$ が成り立つことです．極小な反鎖UTM M の存在も容易にいえるので，それをひとつ選んで固定し，$C_M(s)$ を**反鎖コルモゴロフ複雑性** $K(s)$ と呼びます．

この定義の下で，次の問題をやってみてください．

問題2

（1）$K(s) \leqq |s|+K(|s|)+O(1)$ を示せ．

（2）$K(st) \leqq K(s)+K(t)+O(1)$ を示せ．

（3）$C(st) \leqq K(s)+C(t)+O(1)$ を示せ．

さて，次の主張が無限と有限のランダム性をつなぐ最重要定理です．

シュノールの定理1． 無限二進列 A が ML ランダムであることと以下は同値である．

$$\exists e \forall n\, K(A \upharpoonright n) \geqq n - e.$$

大雑把に言うと，ML ランダム列は，それを先頭からどこで切ってもほぼコルモゴロフ・ランダムになっており，またその逆も成り立ちます．残念ながら時間がありませんので，詳しい説明は省きます．

次に，ML ランダム列の1つの具体例について見てみましょう．それは，チャイティンの「停止確率」もしくは「Ω（オメガ）」と呼ばれる（実数を表す）無限列です．荒っぽくいえば，文字列を任意に与えたとき，それが反鎖 UTM M を停止させる入力 $u = (P, W)$ を表す確率です．すなわち，入出力をすべて二進コードで表したときに，

$$\Omega = \sum_{u \in \mathrm{dom}(M)} 2^{-|u|}$$

となります．Ω は計算可能ではありませんが，いわゆる極限計算可能になります．

さくら チャイティンは，どうして Ω を導入したのすかや？

先生 ゴールドバッハ予想やリーマン予想など数論の未解決問題の多くは，それぞれプログラムの停止問題として表現することができます．従って，Ω の有限ビットの値がわかるだけで，それらの真偽を判定できるのです．1つの実数の中に，無限に多くの問題の解が埋め込まれていることが面白いのだと思います．とはいえ，Ω のビットの値を求めることが難しいので，現実的には問題解決の助けにはなりませんし，その難しさは次の定理からもわかります．

Ωの不完全性定理．Tを「初歩的な算術」を含む健全な体系とし，Ωの第iビットが0(または1)であることが体系の言語で表せるものとする．このとき，(理論Tに依存した)数nが存在して，すべての$i>n$に対して，言明「Ωの第iビットが0(または1)である」はTで証明されない．

証明は，午前中のチャイティンの定理と同様になりますので，ここでは省略します．

最後に，ランダム性の3番目の定義を見ておきましょう．まず，関数d: $2^{<\omega} \to \mathbb{R}^+$が**マルチンゲール**であるとは，各有限二進列$s$に対して，

$$d(s) = \frac{d(s0)+d(s1)}{2}$$

を満たすことです．

続いて，マルチンゲールdにも計算可能性の制限を付けます．$\{(s,q): d(s) > q \in \mathbb{Q}\}$がCEのとき，$d$をCEマルチンゲールといいます．このとき，次の定理が成り立ちます．

シュノールの定理2．無限二進列AがMLランダムであることと以下は同値である．すべてのCEマルチンゲールdに対して，

$$\sup_n d(A \upharpoonright n) < \infty .$$

この同値条件は，コイン投げの予想でどのような賭けをしても，所持金を永遠に増やすことはできないということを表しています．

ランダム性の研究は，ロジックの旬な話題の1つです．『数学セミナー』誌の2011年2月号に特集「ランダムネスを捕まえる」がありましたから，時間があるときに眺めておくといいでしょう．では，あとは演習をがんばってください．

演習：NUMB3RS

これが僕の最後の演習授業になるとわかっていたら，もう少し内容のある話がしたかった．身の回りで異常な出来事が次々と起きているのに，僕はまた他愛もない話で授業を始めていた．

レオ 授業で，ランダム列の定義をいろいろ勉強したけど，実際にどうやったらランダム列を作れるか，あるいは見つけられるか，わかるかい？

まどか コイン投げとかで作ればいいのかな．

レオ そうやって作った数列が，講義で定義したランダムの論理的条件を満たす保証はあるでしょうか？ 可能性は低くないとは思いますが．

秋介 さっき資料室で，先生お薦めの『数学セミナー』2月号を眺めていたら，「数学者は自己を棄てて数理を愛し数理そのものと一致するがゆえに，よく数理をあきらかにすることができるのである」という西田幾多郎の言葉があった．ランダムネスの数理を究めるには自分がランダムになる必要があるということだね．

春太 オレみたいな真面目人間には無理っす．

レオ 病原菌を愛さないと，特効薬を開発できないわけではないでしょう．

美蘭 原来如此(なるほど)．

レオ ランダムの話で思い出したけど，来週からやっと地元 TV 局でも放送が始まる『NUMB3RS 天才数学者の事件ファイル』に面白い表現があったよ．

秋介 兄の FBI 捜査官と弟の数学者が協力して，難事件を解決するアメリカの人気ドラマですね．

レオ 毎回いろいろな数学理論が事件解決に使われるけど，シーズン3の『チャーリー VS メーガン』の中にランダムの話がある．チャーリーは数学者で，メーガンは兄の仲間の女性捜査官です．立て続けに起きる高速道路の衝突事故があまりにバラバラで共通点がなさすぎることに疑問をもったメーガンが使った表現が，「ランダムというにはランダムすぎる(too random to be random)」というもの．人工的にランダムを作ろうとすると，なるべく規則性や偏りを排除しようとする結果，かえって人工的特徴が表れてしまうんだ．チャーリーは「too random」なんていう言い方はないと一笑したけど，結局この現象には隠れた変数があることに気付いて，犯人を追い込んでいく．

さくら 米国にはそんなドラマがあったのすか．面白そうだっちゃ．

レオ Foi Mal（フォイ・マウ）(すみません)．時間がなくなりそうなので，本題に入りましょう．万能チューリング機械UTM M が，プログラム P と入力データ w のペア (P, w) を受け取り，文字列 s を出力するとき，$M(P, w) = s$ と書きます．文字列 s の**コルモゴロフ複雑性** $C(s)$ は，$M(P, w) = s$ となる文字列 (P, w) の長さ $|(P, w)|$ の最小値です．最初の演習問題は次の通りです．

問題 1

（1）2つの異なるUTMによって定義されるコルモゴロフ複雑性を $C(s), C'(s)$ とするとき，$C(s)$ と $C'(s)$ の差は定数 $O(1)$ 以内であることを示せ．

（2）$C(ss) \leqq C(s)+O(1)$ が成り立つことを示せ．

秋介さん，どうですか？

秋介 (1)と(2)はできそうです．先生が問題のあとに尋ねていたことも(2)と同様に，2つのプログラムを繋げば不等式が示せると思いますが．

レオ データの繋ぎ目の扱い方が問題になるんだけど，その辺厳密にやっていないから，問題のあとの話は僕がやるよ．

問題1　　　　秋介

(1) 2つのUTMを M, M' とし，コルモゴロフ複雑性をそれぞれ $C(s), C'(s)$ とする．UTM M は，あるプログラム $P_{M'}$ によって M' をエミュレートでき，任意の (P, w) に対して $M(P_{M'}, (P, w)) = M'(P, w)$ となる．すると，$C(s) \leqq |P_{M'}| + C'(s) = C'(s) + O(1)$ である．$C'(s) \leqq C(s) + O(1)$ も同様．

(2) $M(P, w) = s$ であれば，w を組み込んだ P の実行を2回繰り返すプログラムを作ればよいので，$C(ss) \leqq C(s) + O(1)$ が成り立つ．

レオ 先生が問題のあとに尋ねていた理由としては，任意の d に対して，$C(st) > C(s)+C(t)+d$ となる s, t が存在することを示せばいいよね．

美蘭 さすがですね．

レオ 次に，反鎖チューリング機械だけど，異なる入力記号列 v, w に対して停止するときは，一方の列が他方の列の接頭部にならないものでした．反鎖 UTM M が極小であるとは，それによるコルモゴロフ複雑性を $C_M(s)$ としたときに，任意の反鎖 TM によるコルモゴロフ複雑性 $C(s)$ に対して，$C_M(s) \leqq C(s)+O(1)$ が成り立つことです．極小な反鎖 UTM M を一つ選んで固定し，$C_M(s)$ を $K(s)$ と書きます．

次の問題は，美蘭さんどうでしょうか．

問題 2

（1）$K(s) \leqq |s|+K(|s|)+O(1)$ を示せ．

（2）$K(st) \leqq K(s)+K(t)+O(1)$ を示せ．

（3）$C(st) \leqq K(s)+C(t)+O(1)$ を示せ．

美蘭 計算のことは，まどかさんのほうが…．

さくら Be water(水になれ)だっちゃ．Be UTM だっちゃ．

まどか んだっちゃだれー．

問題2　　　　　　　　　　　まどか

(1) Mを極小な反鎖UTMとする．いま，次のようなTM M'を考える．入力uに対して，$u=ts$で，$M(t)=|s|$となるようなt,sがあれば，sを出力する．M'も反鎖TMになるから，$K(s) \leqq |t|+|s|+O(1)$である．なお，任意のsに対して，$M(t)=|s|$となるtは必ず存在して，$K(|s|)=|t|$となる．よって，$K(s) \leqq |s|+K(|s|)+O(1)$である．

(2) Mを極小な反鎖UTMとする．$M(P,w)=s$かつ$M(P',w')=t$であれば，PとP'をつなぐプログラムを$P \oplus P'$とし，wとw'をつなぐデータをww'とすれば，$M(P \oplus P', ww')=st$であり，$K(st) \leqq K(s)+K(t)+O(1)$．

(3) (2)において，Pだけ反鎖UTMで処理すればよいから，$C(st) \leqq K(s)+C(t)+O(1)$．

美蘭 通天的本事(トンティエンダベンシ)(すごい腕前)!!

まどか 謝謝．あれっ，さくらちゃんは？

春太 あの鏡の中に，女の人と一緒に….

さくらさんの姿が突然教室から消えた．春太とまどかさんは，彼女と女の人が一緒に鏡に映ったというが，僕の位置からは見えなかった．窓の外を見回すと，さくらさんと向かい合うU矢らしい人の後姿が目に入った．僕は急いで外に飛び出たが，彼らは振り返りもせず，2人乗りのバイクでそのまま立ち去った．

ゲーデル以後の展開

昨日の演習授業のあと，さくらさんがU矢らしき人とバイクで立ち去った．僕はこのまま放っておけないと思い，先生の了解を得て，さくらさんが働いていた純喫茶「カンディード」の三十郎マスターを訪ねることにした．そこで聞いた話は本当に驚くことばかりで，一晩明けてもまだ頭が整理できていない．これについては，お昼の時間にみんなに話すことにした．

というわけで，前の晩はなかなか寝付けず，朝寝坊してぎりぎりバスに乗り込んだ．すると，前のバス停から乗っていた入門生たちがいつものように声を掛けてきた．

春太 オーイ！

レオ やあ，みんな．

秋介 元気なさそうですね．さくらさんについて，何かわかりましたか？

レオ 多少ね．

美蘭 大丈夫．そのうちレオさんにはもっとふさわしい人が現れます．

まどか もう目の前に現れているかも．(秋介の方に目をやる．)

秋介 えっ，私ですか．

レオ Basta(バスタ)!(よせよ)　今日は最後の授業なんだからしっかりやらないと．

学園に着くと，やはりさくらさんの姿はなかった．さあ，いよいよこの特別入門授業の最後の授業が始まった．

第1時限

順序数と急増加関数

先生 お早うございます．いよいよこの入門コースも，今日が最後になりますが，明日は私の古くからの友人完徹(かんてつ)和尚に，集合論の特別集中講義をしていただきます．和尚は素晴らしい研究をされながら大学に残らずにお寺を継いで，毎日お経を上げながら集合の世界について瞑想しているそうです．

春太 オレには関係なさそうだから，朝帰るかな．

秋介(小声で)　おい，少し言い方を考えてくれよ．

先生 では今日は，不完全性定理のその後について話します．第一不完全性定理によって，算術の体系に証明も反証もできない独立命題があることがわかり，第二不完全性定理では体系の無矛盾性を表す命題がその独立命題になることがわかりました．では，ほかにもっと自然な数学的命題で，ペアノ算術などから独立なものはあるでしょうか？

ヒルベルト学派のゲンツェンは順序数 ε_0 の整列性が，ペアノ算術で証明できないことを示しました．ある順序数が**整列**であるというのは，その下に順序数の無限下降列がないことです．でも，この主張はそのまま算術的には表せないので，次のような弱い表現に直します．「ε_0 までの順序数(のコード)からなる任意の原始再帰的集合に対して最小の順序数が存在する.」 ゲンツェンは，この形の整列性からペアノ算術の無矛盾性が導けることを(ペアノ算術よりずっと弱い体系で)証明しました．

美蘭 整列性は，超限帰納法と呼ばれるものと同値ですか？

先生 その通り．いま詳しく述べる時間がないので，この同値性を示すのは演習問題にしておきましょう．

問題 1

順序数 α までの超限帰納法と，順序数 α の下に無限下降列がないことは同値であることを示せ．

……………………………………………………………………………………

春太 無限順序数も無限集合みたいなものっすよね．それを自然数でコードするって変じゃないっすか．

先生 順序数の一般論は，明日完徹和尚が説明してくださると思うので，ここでは ε_0 以下の順序数についてだけ，その定義とコード化のイメージについて述べましょう．

順序数は，$0, 1, 2, \cdots$ のような自然数の並びを一般化したもので，当然自然数は順序数です．どうやって一般化するかというと，それまでに得られた順序数の後にまた新しい順序数があると考えるだけです．例えば，すべての自然数の後に新しい数 ω がある．すると，ω は最初の無限順序数です．この後も，$\omega+1, \omega+2, \cdots$ のように自然数と同じように無限順序数が並びます．そして，それらが全部並んだ後，つまりそれらの極限として $\omega+\omega$ があります．これは 2ω とも書きます．

春太 そんな変な無限を導入したって無意味だし，コード化だって不可能っすよ．

先生 こう考えたら，どうでしょう．まず，有限順序数としての自然数 $0, 1, 2, 3, \cdots$ を数直線上の有理点 $0, \frac{1}{2}, \frac{2}{3}, \frac{3}{4}, \cdots$ に対応させてみましょう．このとき，ω はどうなりますか？

春太 1っすか．

先生 その通り．では，$\omega+1, \omega+2, \cdots$ は何に対応しますか？

秋介 $1\frac{1}{2}, 1\frac{2}{3}, 1\frac{3}{4}, \cdots$ ですね．

先生 では，$\omega+\omega$ はどうですか？

春太 2っすね．うむ．無限とはいえ，有理数程度のものに見えてきたっす．

先生 $\overbrace{\omega+\omega+\cdots+\omega}^{n}$ を $n\omega$ と書くことにして，これは実数直線上の n に対応させられます．すると，これら全体の極限の順序数はどうなるでしょうか？

まどか もしかして $\omega\omega$ だったら，うれしいかな．

先生 正解です．これを ω^2 と書いてもいいですよ．しかし，その先にももっと順序数があるのです．

まどか でも，実数直線の方はもうおしまいだよ．

先生 実数の半直線 $[0, \infty)$ と有限区間 $[0, 1)$ が順序同型であることを思い出しましょう．例えば，対応 $x \mapsto 1-2^{-x}$ を考えればよいのです．すると，ω^2 未満の順序数が $[0, \infty)$ に埋め込めれば，$[0, 1)$ にも埋め込めることがわかります．

美蘭 ω^2 未満の順序数は $[0, \infty)$ の有理点に埋め込めていたのに，$x \mapsto 1-2^{-x}$ で移すと無理点になってしまいますが，それでいいのでしょうか？

先生 いい質問ですね．コードとしての利用を考えれば，有理点に埋め込む方がいいし，そう手直しするのも簡単です．ただ，これから示すように，この埋め込みは何度も修正を繰り返すので，コードとして実用的なものではありません．あくまで，ε_0 以下の順序数の直感的なイメージ作りの説明です．

次は順序数 $n\omega^2$ を実数直線上の n に対応させるような形で ω^3 未満の順序数を半直線 $[0, \infty)$ に埋め込みます．これを $[0, 1)$ に圧縮します．その後ろに ω^4 未満の順序数を埋め込むことができますが，ここで少し作り方を変えてみます．ω^3 が対応する $[0,1]$ の部分を動かさず，ω^3 以上 ω^4 未満の順序数を $[1,2)$ に圧縮します．同様に，ω^4 以上 ω^5 未満の順序数を $[2,3)$ に圧縮します．すると，ω^n の極限である ω^ω までの順序数が半直線 $[0,\infty)$ に埋め込めます．そうしたら，これをまた $[0,1)$ に圧縮して，先に進むのです．

まどか 私，いつも後ろから付いてくばっかりで，役に立ったこと一度もないけど．後ろから付いていくだけでも，結構すごいんだ．

先生 それから，$n\omega^\omega$ の極限は $\omega\omega^\omega=\omega^{\omega+1}$ で，さらに $\omega^{\omega+2}, \omega^{\omega+3}, \cdots$ の極限は $\omega^{2\omega}$ です．そのあとは，ω^{ω^2} があって，さらに ω^{ω^ω} があって，また $\omega^{\omega^{\omega^\omega}}$ などがあって，いよいよ ε_0 の登場です．これは，$\omega^\varepsilon=\varepsilon$ となる最小の ε です．図1を見てください．

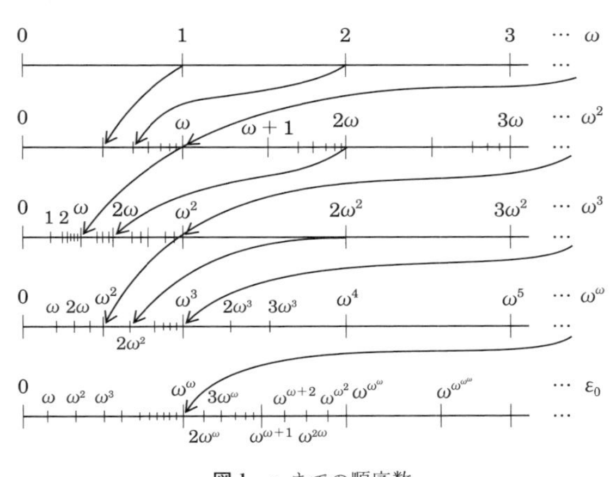

図1 ε_0 までの順序数

ε_0 までの数は，こうして実数直線上に(必要なら有理点として)埋め込めました．

まどか ε_0 の後ろはあるのかな．

先生 ε_0+1 のような後者も考えられますし，$\varepsilon_0+\omega$ や $\varepsilon_0+\varepsilon_0$ や ${\varepsilon_0}^{\varepsilon_0}$ や ε_1 などと際限なく続きますよ．

ここで，ε_0 までの順序数について無限下降列が存在しないことを簡単に説明しておきます．まず，ω 未満に無限下降列がないことは，それが自然数と同型なので明らか．ω^2 未満の順序数は，$m\omega+n$ と書けます．もし無限下降列があるなら，m に関して無限下降列があるか，ある固定した m について n

に関する無限下降列があることになりますが，どちらも自然数と同型なので不可能．ω^ω 未満の順序数は，$m_k\omega^k+\cdots+m_2\omega^2+m_1\omega+m_0$ と書け，やはり自然数の整列性に還元され，無限下降列がないことがわかります．最後に，ε_0 未満の順序数は，$m_k\omega^{\alpha_k}+\cdots+m_2\omega^{\alpha_2}+m_1\omega^{\alpha_1}+m_0$（ただし，$\alpha_k>\cdots>\alpha_1>0$）と書けて，これを**カントルの標準形**というのですが，指数部 α_i に関する帰納法の仮定と係数の自然数の整列性から，やはり無限下降列がないことがいえます．

次に，ウェイナー先生の急増加関数について話しておきましょう．

> **急増加関数**の族 $\{F_\alpha : \mathbb{N}\to\mathbb{N}\}_{\alpha\leqq\varepsilon_0}$ の定義．
>
> $F_0(n)=n+1$,
>
> $F_{\alpha+1}(n)=\overbrace{F_\alpha F_\alpha\cdots F_\alpha}^{n}(n)$,
>
> $F_\lambda(n)=F_{\lambda[n]}(n)$，ただし λ は極限順序数．
>
> ここで $\lambda[n]$ は極限順序数 λ の標準的な近似列を表す．例えば，$\lambda=\omega^\omega$ のとき $\lambda[n]=\omega^n$．

いくつかの急増加関数を具体的に求めてみよう．

$F_0(n)=n+1$,

$F_1(n)=2n$,

$F_2(n)=2^n n\approx 2^n$,

$F_3(n)\approx 2^{2^{\cdot^{\cdot^{2^n}}}}$ （2 が n 個）．

すぐにわかる事実として，$\alpha<\beta$ のときには，十分大きな n について，$F_\alpha(n)<F_\beta(n)$ となります．このとき，F_α は F_β に**支配される**といいます．すると，任意の原始再帰的関数はある自然数 n に対する F_n に支配され，アッケルマン関数はどんな自然数 n に対する F_n にも支配されないことが知られています．

これらが独立命題にどう関わるかは，次の時間にお話しします．

第2時限

独立命題

先生 ペアノ算術やそれより強い形式体系にも，数多くの独立命題が見つかっています．ここでは，順序数との関係が見やすいグッドスタインの定理をとりあげましょう．

この定理を述べるために，いくつか簡単な概念を定義します．任意の自然数nは，下式の右辺のように一意にk進表記されることはご存じですね．

$$(n)_k = \sum_{l=0}^{m} a_l k^l \qquad (\text{ただし } a_l < k)$$

例えば，$n = 27$の二進表記は

$$(27)_2 = 2^4 + 2^3 + 2 + 1$$

です．しかし，べきの部分に通常の十進数が使われていてはなんだか中途半端ですね．そこで，kより大きいべき指数lがあればそれもk進表記に直し，そこにまたkより大きいべき指数が現れれば，さらにk進数に直すという作業をやれるだけ繰り返します．つまり，kより大きな数字をすべて消去するのです．それをnの**純粋k進表記**$[n]_k$といいます．例えば，$n = 27$の純粋二進表記は

$$[27]_2 = 2^{2^2} + 2^{2+1} + 2 + 1$$

となります．勘がいい人はわかるかもしれませんが，前の時間にやったε_0未満の順序数に対するカントルの標準形は，純粋ω進表記にほかなりません．

この表記をもとに，グッドスタイン数列$n_1, n_2, n_3, \cdots$を定義します．

定義

自然数nからの**グッドスタイン列**$n_1, n_2, n_3, \cdots$を以下のように定める．

（1）$n_1 = n$として，その純粋二進表記$[n]_2$を考える．

（2）$[n_1]_2$に現れる2をすべて3に改めた数から1を引いた数をn_2とする．

（3）$[n_2]_3$に現れる3をすべて4に改めた数から1を引いた数をn_3とする．

以下同様に，続けられるまで続ける．

例えば，$n = n_1 = 27$として，

$$n_2 = (3^{3^3} + 3^{3+1} + 3 + 1) - 1 = 3^{3^3} + 3^{3+1} + 3$$

$$n_3 = 4^{4^4}+4^{4+1}+4-1 = 4^{4^4}+4^{4+1}+3$$

では，n_4 はどれくらい大きな数だと思いますか？

まどか $n_2 = 7625597485071$ はわかるけど，n_3 は 150 桁以上，n_4 は 2000 桁以上になるから私には計算できないよ．こんなのってあんまりだよ．

先生 いや失敬．でも，ここで大切なのは計算結果ではないのです．秋介さん，$n = 6$ のグッドスタイン列を黒板に書いてください．

$n_1 = 6 = 2^2 + 2$
$n_2 = 3^3 + 3 - 1 = 3^3 + 2$
$n_3 = 4^4 + 1$
$n_4 = 5^5$
$n_5 = 6^6 - 1 = 5\cdot 6^5 + 5\cdot 6^4 + \cdots + 5\cdot 6 + 5$
$n_6 = 5\cdot 7^5 + 5\cdot 7^4 + \cdots + 5\cdot 7 + 4$
$n_7 = 5\cdot 8^5 + 5\cdot 8^4 + \cdots + 5\cdot 8 + 3$
$n_8 = 5\cdot 9^5 + 5\cdot 9^4 + \cdots + 5\cdot 9 + 2$
$n_9 = 5\cdot 10^5 + 5\cdot 10^4 + \cdots + 5\cdot 10 + 1$
$n_{10} = 5\cdot 11^5 + 5\cdot 11^4 + \cdots + 5\cdot 11$
$n_{11} = 5\cdot 12^5 + 5\cdot 12^4 + \cdots + 4\cdot 12 + 11$
$\cdots$

秋介 無限に大きくなっていきそうです．

先生 そうですね．でも，グッドスタイン列は必ず有限で止まることが知られているのです．

グッドスタインの定理

任意の n に対して，ある k が存在して，$n_k = 0$.

春太 バッドステイン(汚点)じゃないっすか？

秋介 君はね….

先生 でも証明はじつに簡単です．いま，$[n_k]_{k+1}$ に現れる数字 $k+1$ を ω に置き換えてください．

$$
\begin{aligned}
n_1' &= \omega^\omega + \omega \\
n_2' &= \omega^\omega + 2 \\
n_3' &= \omega^\omega + 1 \\
n_4' &= \omega^\omega \\
n_5' &= 5\cdot\omega^5 + 5\cdot\omega^4 + \cdots + 5\cdot\omega + 5 \\
&\cdots \\
n_9' &= 5\cdot\omega^5 + 5\cdot\omega^4 + \cdots + 5\cdot\omega + 1 \\
n_{10}' &= 5\cdot\omega^5 + 5\cdot\omega^4 + \cdots + 5\cdot\omega \\
n_{11}' &= 5\cdot\omega^5 + 5\cdot\omega^4 + \cdots + 4\cdot\omega + 11 \\
&\cdots
\end{aligned}
$$

美蘭 あっ，単調減少列になっています．

先生 そう，ε_0 より小さな順序数の減少列になります．すると，ε_0 の整列性から，グッドスタイン列の有限停止がいえるのです．

秋介 でも，停止までにすごく時間がかかりそうです．

先生 いいところに気付きました．試しに，次の問題を考えてみてください．

問題 2

$n = 4$ の場合に，$n_k = 0$ となる k を求めよ．

先生 n に対して，$n_k = 0$ となる k の大きさが，だいたい $F_{\varepsilon_0}(k)$ なのです．ところが，次の定理が成り立ちます．

定理 1

$\forall x \exists y \varphi(x, y)$ がペアノ算術で証明可能であれば，ある $\alpha < \varepsilon_0$ が存在して，$\forall n\, \exists m < F_\alpha(n)\ \varphi(n, m)$ が(標準モデルで)成り立つ．

F_{ε_0} は増加度が急すぎて，ペアノ算術では関数として扱えない．ということで，次がいえます．

定理 2

グッドスタインの定理はペアノ算術では証明できない.

秋介 定理 1 はどうやって証明するのですか?

先生 厳密な証明は本学園の本科で一緒に勉強しましょう.

春太 やっぱ, そう来なすったか.

先生 ここでは, グッドスタインの定理の変種がペアノ算術で証明できないこと, つまり ε_0 の整列性を導くことのアイデアを述べましょう. 一般化されたグッドスタイン列 $n_1, n_2, n_3, \cdots$ は, 各ステップにおいて,

> n_k が l_k 進表記されているとき, n_{k+1} はその l_k を任意の l_{k+1} $(\geqq l_k)$ に置き換えて 1 を引いた数とする

ものです. 通常のグッドスタイン列は $l_{k+1} = l_k+1$ の場合ですね. 一般化グッドスタイン列も数字 l_k を ω に置き換えれば, ε_0 より小さな順序数の無限下降列になりますから, 有限停止性を持ちます.

いま, ε_0 より小さな順序数 α に対して, そのカントル標準形の中に現れるどの自然数よりも大きな自然数 $l \geqq 1$ をとり, 標準形の中の ω を $l+1$ に置き換えることで得られる純粋 $l+1$ 進表記を $\alpha[l]$ とします. すると, ε_0 より小さな順序数の下降列 $\alpha_1 > \alpha_2 > \alpha_3 > \cdots$ に対して, 適当な自然数の増加列 $l_1 < l_2 < l_3 < \cdots$ が存在して, 一般化グッドスタイン列でその中に $\alpha_1[l_1], \alpha_2[l_2], \alpha_3[l_3], \cdots$ を含むものが存在することがわかります. よって, 一般化グッドスタイン列が有限停止性を持つなら, ε_0 より小さな順序数もそうなることがわかります.

春太 もう少し丁寧に教えてほしいっす.

レオ あんまり先生を困らせるなよ. あとで僕がまた説明するよ.

春太 約束っすよ.

お昼時間. この日も庭でおしゃべりをしながら, お昼を食べた.

まどか ヤギさん, この頃来ないね.

美蘭 そういえば, さくらさんが本をかじられたことがありましたね.

春太 ヤギはみんなクマに食われたんすよ．

秋介 いい加減な話はよせよ．レオさん，そろそろさくらさんについて聞いたことを教えてくださいよ．

まどか 三十郎マスターに会えた？

レオ うん，会ったよ．

春太 さくらさんを連れ去った人は，女装したU矢っすよね．

レオ それはまだわからない．死んだはずのあゆみ姉さんかもしれないんだ．

まどか こわ〜っ．魔女，いや幽霊だったの!!

美蘭 さくらさんは，どうしてついていったのですか？

レオ あゆみさんはさくらさんの恩人だったそうだ．

美蘭 えっ，どういうことですか？

レオ さくらさんのお父さんは，町の名士で目立った活動をしているから，妬みや恨みを買うことも多いらしく，そういう感情の一部が彼女にも向けられたみたいなんだ．もう10年くらい前のことだけど，さくらちゃんを誘拐しようとした奴らがいた．たまたまあゆみちゃんと一緒に遊んでいたときのこと．いや，たまたまではないかな．お父さんは，黒巾組（こくきん）のあゆみちゃんと一緒に遊んでいれば安全と考えていただろうから．

秋介 黒巾組って何でしたか？

レオ 江戸時代は藩の隠密軍団[1]で，いまは探偵みたいなことを稼業にしているU

1）3月7日(月)の日誌を参照．

矢の一家さ．でも，馬鹿な悪党は間違ってあゆみちゃんの方を誘拐しちゃったんだ．もともと乱暴したり，身代金を要求したりするつもりはなかったので，人違いとわかると，すぐ彼女を釈放した．でも，それからが大変さ．あゆみちゃんは子供とはいえ，黒巾組の娘だろう．悪党のアジトはもちろん，そこで聞いた彼らの悪事の数々をみんな覚えていて，ご両親に伝えたため大捕り物になったのさ．

これが不幸の始まりだった．数年後に刑務所を出た犯人に，今度は本気であゆみちゃんが狙われることになった．真相はわからないけれど，車の横転事故であゆみちゃんが亡くなったのも，そういう事情が関係していると噂されている．

春太 峰不二子だったら助かったのに．

秋介 おい，あゆみちゃんはまだ小学生だよ．

まどか お姉さんを奪われたU矢君は，さくらちゃんを恨んでいたのかな．でも，あゆみちゃんに化けてさくらちゃんを脅かすなんてひどいよ．あんまりだよ．

レオ しかし，話はもっと混みいっているかもしれないんだ．じつは，明日特別集中講義に来る完徹和尚はさくらさんのお父さんの親友でもあるらしく，あの事故の後しばらくU矢を寺にかくまって面倒見ていたそうだ．

美蘭 なぜU矢君をかくまう必要があるのですか？

レオ それは僕にもわからない．さくらさんをかくまうならまだわかるけど．

秋介 明日，和尚さんに尋ねてみよう．

レオ そうだね．

第3時限

ゲーデルのリバイバル

先生 これからお話しする2つの話題も，ある意味で不完全性定理の延長上にあるのですが，ゲーデルが何十年も前に考えていたことが現代の研究の中で再び注目されるようになったのです．

最初の話題は，1936年のゲーデルの講演アブストラクトに残されていたものです．その主張は要するに弱い形式的体系では長い証明しか存在しない命題が，体系を強めることで証明が著しく短くなることがあるというものです．とくに，n 階算術で証明可能な命題であって，$n+1$ 階算術では著しく短い証明を持つものが存在することをゲーデルは示しました.

この卓見にヒントを得た研究がのちにいろいろ現れますが，最初の重要な結果が，次に述べるエーレンフォイヒト-ミシェルスキーの加速定理(1971年)です．レオさんもまだ知らないかもしれませんね.

加速定理

T はロビンソン算術 Q を含む無矛盾な CE 理論とし，T' は T の無矛盾な CE 拡大 ($T' \supsetneq T$) とする．また，$f\colon \mathbb{N} \to \mathbb{N}$ を任意の計算可能関数とする．このとき，T の定理 A が存在して，その T, T' における最短の証明の長さをそれぞれ p_A, p'_A とすれば，$f(p'_A) < p_A$ が成り立つ．(注：CE = 計算的枚挙可能 = Σ^0_1)

レオ すごい．例えば，$T = \mathrm{PA}$ に $\mathrm{Con(PA)}$ を加えて，$T' = \mathrm{PA}+\mathrm{Con(PA)}$ とするだけでいくらでもスピードアップされるような PA の定理 A があるというのですね．これは，モデル論のようなメタな議論が使えるからですか？

先生 いい着眼点です．ゲーデルの発想はそれに近いかもしれませんが，ここでの追加公理は $\mathrm{Con(PA)}$ とは限りませんから，まったく違う話です．では，S を T で決定不能な命題とし，$T' = T+S$ とおいて議論しましょう．最初に，次の補題を示します.

補題

T' の定理で，T の定理でないものの集合 U は CE ではない.

証明

任意の文 A について，文 $A \vee S$ が U の要素になることと，$A \vee S$ が T の定理でないことは同値であり，したがって A が $T+\neg S$ の定理ではないこととも同値である．もし U が CE であるなら，$T+\neg S$ の非定理の集合も CE であり，それは CE 理論 $T+\neg S$ が決定可能であることを意味する．ゲーデルの第一不完全性定理により，Q のすべての無矛盾な拡大は決定不能であるから，これは不可能である．よって，上の補題が示された． □

それでは，定理3の主張を否定し，ある計算可能関数 f が存在し，T の定理 A で $f(p'_A) < p_A$ となるものはないと仮定します．このとき，任意の A

について，もし A が T' で長さ n の証明を持っているとすれば，A が T の定理であることは，A が T で $f(n)$ より短い証明を持つことと同値です．これは，T の定理でない T' の定理をエフェクティブに枚挙する手続きがあることを意味しており，上の補題に反します．

レオ 素晴らしい定理ですね．僕もいつかこういう定理を発見してみたいです．

先生 次の話題は，1956 年 3 月 20 日にゲーデルが病気療養中のフォン・ノイマンに送った手紙に書かれた考察についてです．この手紙は 1989 年に発見されて，計算理論やロジックの研究者を驚かせました．というのは，P =? NP 問題が専門家の間で議論され始めるより 20 年も前にゲーデルが実質的に同じ問題を考えていたからです．

ゲーデルの手紙には，こう書かれています．

> 制限された関数計算(1 階論理)の論理式 F と自然数 n を与えて，F が長さ n の証明(長さ = 記号の数)を持つかどうかを判定するようなチューリング機械を組み立てることは簡単にできます．そこで，$\psi(F,n)$ をその機械が判定を行うのに必要なステップの数とし，$\varphi(n) = \max_F \psi(F,n)$ とおきましょう．問題は，最適な機械に対する $\varphi(n)$ がどれくらい速く増大するのかということです．$\varphi(n) \geqq Kn$ を示すことはできます．もし $\varphi(n) \sim Kn$ (あるいは $\sim Kn^2$ でも)となる機械が本当にあったら，重大な結論が導けることになります．決定問題を一般的に解決できなくても，YES/NO 問題に関する数学者の思考は完全に機械に置き換えられることを意味するでしょう．

ゲーデルは 1 階論理について考えているのですが，命題論理に制限しても基本的に同じで，さらに証明可能性と否定命題の充足不可能性の同値性を考えれば，ゲーデルの質問は，充足(不)可能性問題を決定性チューリング機械で解こうとするときに，必要なステップ数がどのように増大するかということです．これが多項式で押さえられるなら，NP = P になります．

レオ フォン・ノイマンからの返事はなかったのですか？

先生 一般に知られている限りでは．

美蘭 私も本格的にロジックに挑戦してみたくなりました．

まどか 1 人で解けない難しい問題に挑むときは，2 人で一緒に戦えばいいんだよ．

ミランちゃん．

そして，授業が終わり，先生の研究室に演習授業の相談に行ったとき，先生は僕にこんな秘密を明かしてくれた．じつは，フォン・ノイマンからゲーデルへの返信のメモを，先生は知人を通して入手されたそうだ．本物かどうか確証はないし，とても判読し難い文章なのだそうだが，ひょっとすると大発見につながる鍵が隠されているかもしれないと念(おも)って，ノートに挟んでときどき眺めていらっしゃるという．

それを僕に見せてくれようとしたとき，突然の大きな揺れが学園を襲った．

巨大地震襲来!!

3月11日午後2時46分．最後の演習授業について学園長と打合せしていたときに，ジェットコースターに乗ったような激しい揺れを感じた．長く繰り返す揺れにバラック校舎は傾き，本棚が倒れてきた．学園長と僕は無事だったが，入門生たちが心配だった．少し揺れがおさまったところで，学園長から渡されたヘルメットをかぶって1人で教室に向かった．

レオ みんな，大丈夫か？

机の下から，春太が顔を出した．

春太 オレたちは大丈夫っすが，壁の鏡がぶっ壊れたっす．

まどか ひどい…こんなのってないよ．$n=4$ のグッドスタイン列の停止数がもう少しで求まったのに，鏡の破片なんか飛んできて…(また，大きな揺れで話が遮られた．) ミランちゃん，問題1はどう？

美蘭 簡単です．でも黒板が傾いていて，答えを書けません．どこに書けばいいですか，レオさん．

春太 まだ演習やるつもりっすか？

秋介 この建物大丈夫でしょうか？

レオ いまのうちに外に出る方が良さそうだね．

3月とはいえ，外には小雪が舞っていた．ほぼ10分間隔でかなり大きな揺れがあったが，1時間も外で立っていると凍えそうで，みんなで歩いて山を降りることにした．途中，交通信号が消えて車が渋滞していたり，ビルの看板や外壁がはがれ落ちたりする被害は見かけたが，ビル自体が倒壊するような悲惨な光景はなかったので，山の下で一応解散し各自で宿泊場所に帰ることにした．停電でテレビが観られなかったし，携帯電話も使えなかったので，津波による沿岸部の大難や，ライフライン破損による生活被害の実態が徐々に摑めてくるのは翌日以降であり，入門生たちとはまた明日にでも会えるような気分で別れたのである.

僕は三十郎さんやさくらさんのことが気になり，そのまま純喫茶『カンディード』に行ってみることにした．あの古いビルは大丈夫だっただろうか？ 倒壊はしていなくても，地下の店は無傷というわけにはいかないだろう．薄暗くなってきた町のあちこちで不安げな人たちの集団をすり抜け，路地裏横町の建物が見えるところまで来た.

ビルは一見無事に見えたが，近づくと壁には亀裂が入り，建物全体がやや横に傾いている．三十郎さんたちは無事だろうか？ そのとき，聞き慣れた声が後ろから耳に入った.

さくら いきなりたまげた．レオさんだっちゃ.

レオ あっ，さくらさん．無事でよかった．あれっ，お隣りは？

昨日，学園でさくらさんを連れ出した人のようだ．遠くの姿はＵ矢に見えたが，こうして正面で顔を合わせてみると，どうも女性らしい.

あゆみ 事情があってこれまで正体を明かせずごめんなさい．でも，私のことはもう少しあとにして，怪我をされた完徹(かんてつ)和尚と三十郎さんをさくらさんのお家に運ぶのを手伝ってください.

三十郎 拙者は大丈夫でござる．まずは，和尚をあゆみ殿の馬で運んでくだされ．お父上に会うのはどうも苦手ですしな．それにしても，Ｕ矢があゆみ殿だったとは．いや，あゆみ殿がＵ矢だったとは．いや，Ｕ矢が….

あゆみ すまぬ．三十郎殿．では，レオさん，和尚さんを私の体に紐か何かで括り付けてください．この騒ぎでヘルメットをなくしてしまったのでしっかりと.

レオ ちょうどいい，あの看板のコードをいただきましょう.

僕は，倒れていた看板からコードを引き抜き，歩けない和尚さんを運転席のあゆみさんにしっかり巻き付けた．安全第一のつもりだったのだけど，ちょっと異様な姿だ．そのときはみんな笑っていたが，これが大失敗だった．変わったバイクの２人乗りを撮った写真がネットに流出し，あゆみさんの生存が世間に知られるきっかけとなってしまった.

ともあれ，あゆみさんと和尚さんのバイクが去り，さくらさんがあゆみさんの事情を話してくれた.

さくら 昔の事故で亡くなったのは，弟のU矢君の方だったのっしゃ．少なくとも，この世界ではだけんど．仲良し姉弟はときどき服を交換し相手の話し方をまねて，大人たちを騙して遊んでいたんだでば．この事件が起きたときも，二人が入れ替わっていたために間違った報道がされてしまったべ．さすがにご両親はすぐに間違いに気付いたけんど，誘拐事件の一件から，一計を案じてそのままあゆみちゃんが亡くなったことにしたっちゃ．そして周りの協力者，とくに完徹和尚の助けで，あゆみちゃんはU矢として育てられたっちゃ．あゆみちゃんもU矢を演じることで，弟さんを失った悲しみや恐怖を忘れることができて，U矢になりきって生活したんだべ．ときどき鏡に映る自分が女に見えて動揺する以外は．

レオ U矢，いやあゆみさんは，鏡に映った自分が本当の自分であるか否か自問自答しながら，論理力を高め，第二不完全性定理の奥義を独りできわめたのだな．驚くべき奇才の持ち主だ！

さくら ところで，現在の黒巾組は，この町の人や建物はもちろん地理データまで蓄えたデータバンクだべ．その跡取りのあゆみさんは，山林や動物たちの異変に接し，過去の震災の記録と照合し，大地震が近いことを予知したっちゃ．で，私に正体を明かして，一緒に警戒活動を始めたんだでば．でも，あの男の話し方はまんずおがすねすか．三十郎さんを真似したのかもしれんけど，震災よりも私らが警戒されてしまったんでねぇの．

三十郎 やはりオレのようなホンモノの武士でなければ無理でござろう．奴は唖(おし)に仕立てて関所を破るくらいが関の山よ．人の命は火と燃やせ～と．

レオ あなた時代劇の観過ぎですよ．

さくら ほんで，この緊急事態に自分の正体を隠すことで活動を制限していられないと思ったあゆみちゃんは女に戻ることにしたということっしゃ．そんなとき，父から完徹和尚がカンディードを訪ねることを聞いて，和尚さんの知恵を借りようとここに来たところで地震が来たんだぉん．

三十郎 ひでぇな．あのくそ坊主，何年もオレを影武者で騙していたのかよ．太白塾の大先輩だと思ったから，オレは自分が怪我しても助けてやったけど．あのまま地下に埋めておけばよかったぜ．

レオ それはひどいことをいいますね．和尚も悪意があってみんなを騙していたわけじゃないでしょ．

さくら だから！(「そうよ」の意)　あっ，あゆみちゃんが戻ってきたっちゃ．

三十郎 オレはもう歩いてどこへでもいけるから，お嬢様をよろしくな．あばよ！

レオ 僕も家の様子が心配なので，adeus!(アデウス)(さようなら)

震災の被害は思いの外大きかった．停電でテレビもネットも使えなかったので，災害の中心にいながら被害の全容はなかなか摑めず，沿岸部の津波被害で学園の先輩の1人が行方不明になったことを知ったのも1週間以上経ってからだ．

ライフライン破損による生活への影響は，住む場所や建物ごとに大きく違った．翌日からほとんど普段の生活ができた人もいれば，1か月以上給水車に水をもらいにいく生活をしていた人もいた．交通網の分断で食料や生活必需品まで入手しにくくなると，不便さから町を離れる人も少なくなかった．入門生たちは1週間くらいのうちに，長距離バス等を乗り継いでそれぞれの実家に戻っていた．

僕はロジック学園の仲間たちと，太白塾(つまり，さくらさんの家)をベースとする復旧チームに加わり，ボランティア活動を始めた．4月からは3年生としてロジック学園に通うものとばかり思っていたのだが，ボランティア活動に明け暮れていつのまにか4月も下旬になっていた．気が付くと，学園長の姿がない．先生も復旧チームに出入りしながら，市民を勇気づける講演などをされていたはずなのだが，いまどこにいらっしゃるのか誰に聞いてもわからなかった．そして，数か月が過ぎ，やむなく僕はブラジルに一時帰国することになった．

五年目のペリパトス

一時帰国と思ってブラジルに戻った僕は，両親の仕事の手伝いなどしながら，学園再開の連絡を待った．しかし何の知らせも来ないまま，いたずらに時は流れ，日本に戻る希望も失いかけていた．そして，もう５年目になろうとしていたとき突然，先生からの手紙が届いた．

不思議な内容だった．あの特別入門授業の様子を文章化してほしいという依頼だった．あのときの入門生や学園生たちが学園再開を求めて先生を動かしているに違いない．だとしたら，そもそも学園の再開を阻んでいたものは何なのだろう．なぜ先生は未だに姿を隠しているのだろう．そして，どうして僕が講義録を作るのだろうか．わからないことばかりだ．でも，日本に行けばすぐ謎は解けるはずだし，僕も学園再開に協力できるとしたら幸せなことじゃないか．Amigos, amo vocês（友たちよ，愛している）．僕は胸を躍らせて，日本の地に舞い戻った．

成田に着いたその日に，僕は春太たちと上野で待ち合わせていた．

春太とまどかとの再会

京成上野駅近くのビジネスホテルに荷物を預けると，僕は春太とまどかが待つカフェに向かった．社会人になった彼らはすっかり風貌も変わっているかもしれない．カフェに入ってお互いにわからなかったらどうしよう．しかし，ドアを開けるやいなや，そんな心配を吹き飛ばす懐かしい声が僕を迎えてくれた．

春太 Oi!（やあ） レオさん，お疲れっす．

レオ 春太君，Quanto tempo!!（久し振り） 希望通りに数学の先生になったんだね．おめでとう．

春太 何の因果か，数学を教えるよりも学校のヤギの飼育係をさせられているっすよ！

まどか ヤギさんのお世話でお給料もらえるなら，私と交代してほしいな．

春太 ヤギ以外はオスばかりの学校だから，君にはちょっと無理だな．それにオレは機械音痴で，お前のようなIT技術者にはなれないし．

レオ まどかさんはIT技術者か．高給取りだね．

まどか そんなことないよ．日本は技術者を大切にしないから．

レオ 秋介君はどうしている？

春太 ずっと同じ出版社に勤めているけど，編集者としての腕をあげたみたいっす．今回の話も，彼が企画したんすから．

レオ ええっ．そういうことがあったのか．

まどか 今日は社内の会議で来られないけど，明日は先生のところに一緒に行くって．

レオ 美蘭(メイラン)さんは？

まどか ミランちゃんは，アメリカに留学しちゃった．

レオ 何を勉強しているんだろう．

春太 英語じゃないっすか？

まどか AIのロジックっていっていたわよ．

レオ そうか．僕の会話ボットの話が役に立ったのかな．これから楽しみだね．

コーヒーがテーブルに届いた．日本のコーヒーは濃い番茶のようだと思った．ブラジルでは濃い目のコーヒーに砂糖をたくさん入れて飲むが，僕の知り合いの日本人はなぜかみんなブラック党だ．

レオ ところで，教えてほしいんだけど，先生はどうして急に姿を消して，いま何をしているんだい？

春太 それがわかったのは，まったくヤギのお陰なんすよ．ヤギの飼育法を勉強するために，あちこちの酪農家を訪ねていたら，超絶偶然に新人酪農家の先生に出会ったんすから，びっくりっしょ．でも，もっと驚くことがあるんす．誰が一緒にいたと思いますか．

まどか ハイジ！ 先生ってアルムおんじみたいだし!!

春太 先生は髭もないっすよ．

まどか でも，ユキちゃん(子ヤギ)はいるよね．

レオ もういいから，いったい誰なんだい．

春太 サクラッチっすよ!!

レオ えええっ．

春太 ごめん．これは先生に口止めされていたんだ．

レオ Por quê?(ポルケ)(どうして)

春太 明日，先生から聞いてほしいっす．

レオ おい，そこまで話したのなら，もう少し教えてくれてもいいだろう．明日聞けるなら同じことだし．

まどか 教えてくれたら，とっても嬉しいなって，思ってしまうのでした．

春太 あの震災の後，先生のほかに姿を消した人はいなかったすか？

レオ そういえば，U 矢に化けていたあゆみさんはどうしたんだい．

春太 そう，そこが肝心．完徹(かんてつ)和尚とのバイク２人乗りが写真に撮られて，ネットに流出したため，ちょっと話題になっちゃったんすね．

まどか 私も写真見たよ．和尚さんを背中にぐるぐる巻きにして，あんな乗り方したらダメじゃない!!　２人ともヘルメットかぶってないしさ．和尚さんは毛がないからいいかもしれないけど．

レオ 和尚さんは怪我あったんだよ．

春太 そういう親父ギャグならいいけど，もっと陰険な詮索をしたがる輩がいるんすよ．それに U 矢が姿を消してたっしょ．で，ヤツが女だったんじゃないかとか，いろいろ噂が立った．

レオ あゆみさんは，さくらさんと一緒にボランティアに回っているとばかり思ってたよ．

春太 これからがレオさんの知らない話っすよ．ある日，あゆみさんとさくらさんの２人が乗ったバイクが転倒する事故があったんす．走行中に針金に引っかかって転倒したんすよ．幸い２人とも軽い怪我で済んだけど，道路に針金が張られていたなんて不自然じゃないっすか．あゆみさんだけでなく，今度はさくらさんもまた誰かに狙われているのかもしれないと，塾頭のお父さんは察したんすね．そこで，友人の学園長に相談し，2 人を守るための策を一緒に錬った．さくらさんは学園長がほかの土地で保護し，あゆみさんは第三の女性章子(あきこ)に化け，和算研究者としてさくらさんの家に下宿するってわけ．

まどか そっか．U 矢君は算額に興味もっていたし，太白塾の蔵には藩校時代の和算資料がたくさんあるよね．一生蔵の中にいても退屈しないよ．

レオ 一生蔵の中というのは，なんか気の毒な気もするなあ．そういえば，震災のあと太白塾の蔵の資料を調査するとかいう女性が出入りしていたっけ．えっ，あれがあゆみさんだったのか．さすが，黒巾組の血を引いた人だけあって変装がうまいや．

春太 というわけで，先生はさくらさんを連れ，離れた地で酪農を始めたんすよ．

まどか さくらちゃんから聞いた小説『カンディード』のエンディングにちょっと似ているかも．

レオ でも，どうして今回の出版の話になったんだい．

春太 もともと講義録を作る話は，先生ご自身が講義中に言っていたんすよ．休みがちのサクラッチとか，あのとき参加できなかった人のために作ろうってね．

レオ なんでもっと早く始めなかったのだろう．

春太 そこはわからないっす．でも，いまも先生ご自身は書くつもりないらしいっすよ．オレが偶然先生に会ったことを秋介さんに話したら，昔のことを覚えていた彼は先生に講義録の執筆をお願いしたんだ．けど，結局断られたっす．で，レオさんにお鉢が回ってきたっちゅうことっすね．

まどか 講義録を残さないと，先生のこれまでの苦労もロジック学園の存在も，私たちがそこで勉強していて震災に遭ったことも全部消えてなくなっちゃう．

春太 そういうまどかさんの気持ちも秋介さんを通して先生に伝わったっすね．先生は，チューターのレオさんの本として出版することを秋介さんに提案したっす．

まどか レオさんはチューター日誌を書いていたでしょ．それにレオさんは最後の愛弟子だから，何か奥義を伝えておきたいのよ．きっとそうよ．

レオ 僕は学園を卒業していないし，奥義なんか伝授してもらうのはちょっと早いよ．明日，先生に会うのが怖くなってきた．

先生との再会

翌日，僕たちはJR上野駅で待ち合わせた．春太とまどかに少し遅れて，秋介さんがやってきた．

レオ 秋介さん，久し振りです．

秋介 レオさん，本のことよろしくお願いします．

レオ その件はまたあとで….

僕たち4人は新幹線とローカル線を乗り継ぎ，さらにバスに乗って学園長の牧場に向かった.

まどか 窓からヤギさんがたくさん見えるよ．ヤギ山から連れてきたのかな.

春太 ヒツジもヤギももともと山岳地帯に住んでいたんすよ．それを人間が平地に引きずりおろして，ことなかれ主義のヒツジは平地の植物を食べるようになったけど，信念のあるヤギは依然と高木の葉を食べているんすね．ヒツジになるな，ヤギになれって，いつも先輩の先生に言われているっす.

秋介 変な学校だね.

春太 あっ，次でバスを降ります.

バス停は間違っていなかったが，ここから先の道は春太もよく覚えていないようだ．しばらくうろうろと歩いていると，牧場の柵を修繕している男を見かけ，まどかが声をかけた.

まどか このあたりに，アルムおんじとハイジみたいな2人がやっている牧場はありませんか？

男 そんな怪しい2人組がやっている牧場なんて知らぬでござる.

レオ あれっ，どこかで聞いた声だな.

男 旅のお方，これ以上首を突っ込んで，首と体が別々になっても知らんぞ．斬られりゃ痛えからな.

まどか あれ，三十郎さんじゃない？

三十郎 あっ，カッコー楽園の書生諸君か.

秋介 ロジック学園ですよ．あなたここで何しているのですか？

三十郎 何って，もちろんお嬢様の用心棒よ.

レオ なるほど，三十郎さんでもいれば少しは安心か.

秋介 雇った方で用心しなきゃならねえ用心棒だっているけど．ともかく，先生の牧場に案内してください.

4人は三十郎の案内で20分程歩いて先生の家に到着した.

三十郎 先生，お嬢様．お客人をお連れしたでござる．

先生 みなさん，お待ちしていました．レオ君，地球の裏側からご苦労さま．

レオ ありがとうございます．先生もお元気そうで．

さくら まんず久し振りだっちゃ．さあ，あがってけさいん．

まどか ああ懐かしい響きね．

さくら まどかさんはなんかセクシーになったっちゃ．

レオ 随分立派な牧場ですけど，先生はこれからもずっと….

先生 とりあえず，やめるつもりはありませんよ．田舎暮らしで苦労させているから，さくらさんはそろそろどこかに移してあげたいと考えているのですが….

さくら わたしは大丈夫だっちゃ．

レオ これまでの経緯(いきさつ)はだいたい春太君から聞きました．あっ，先生との約束を破らせたのは僕です．すみません．本のことですが，僕にできることはやりますが，もう忘れている内容も多いですし，僕で大丈夫でしょうか？

先生 学園の私の部屋に講義の準備に使ったノートが残っていることは手紙にも書いたね．まずそれを探してください．それを見て疑問があればお答えしますが，基本的にレオさんのチューター日誌の拡張版として仕上げてほしいと思っているのです．

レオ どうしてですか？

先生 私が表に出たくない理由の１つは，あの傷害事件が解決していないからですが，もう１つの答えは，本をまとめながら，自分で探してほしいと思います．それが必ずレオさんの将来の役に立ちますから．

レオ それなら，学園復興を助けていただけそうな先輩にお願いしたらどうでしょうか．

秋介 先生はぜひレオさんにお願いしたいということですし，演習も含めて全部の様子を知っているのはレオさんだけじゃないですか．

まどか そこまで言われたら，やるっきゃないよね．

春太 本が売れたら，印税は山分けっすね．

秋介 先生とレオさんの２人でね．

先生 私はいりません．

レオ 私も学園の再開に役立ててほしいです．

まどか わあ！ 学園が再開するんだ．

レオ では，明日学園に行ってノートを探してみます．みなさんも講義録作りにご協力くださいね．草稿が完成したら先生のところにお持ちします．

先生 そうしてくれるとありがたいな．ではレオさん，入門講義で足りないと思ったことはないかな．

レオ 最終日に予定されていた完徹先生の集合論の特別講義がなくなってしまったことが残念です．集合論の研究はロジック全体の大きな推進力になってきましたので，できれば少し話題に加えたいです．いま先生に補足的な話をしてもらうことはできませんか？

先生 ここでですか？

春太 例のペリパトス方式でどうっすか？

まどか 面白そう．やろうよ．

先生 では久し振りにやってみましょう．

さくら 私も参加させてけさいね．

三十郎 姫が行くなら，拙者もお供せねばならんな．

牧場のペリパトス講義

先生 では，牧場の周りを散歩しながら，あのときの特別入門講義を振り返ってみましょう．みなさんも，何か気付いたらご質問ください．

ざっくり言えば，最初の週に完全性定理，次の週に不完全性定理の講義をしましたね．完全性定理を理解する第一歩としては，「意味」と「形式」の区別が大切でした.「π」という文字は通常円周率を意味しますが，ほかの数やものを示すことができないわけではありません．意味と形式をつなぐのは約束事であり，それが公理になります．そして，その公理を成り立たせるどんな構造においても成り立つ命題のクラスと，その公理から形式的に導出できる定理のクラスが一致するというのが完全性定理でした．私たちは等式理論の完全性から始めて，命題論理，そして1階論理の完全性に進みました．

1週目の最後に計算可能性の話をして，不完全性定理の話に入っていきました．計算的枚挙可能(CE)で，計算可能でない集合の存在がわかれば，第一不完全性定理は簡単に導けます．しかし，第二定理を導くためには，第一定理に対する一層深い理解が必要になります．証明可能性述語 $\mathrm{Bew}_T(\ulcorner A \urcorner)$ を様相命題 $\Box A$ と捉えて分析する話題を紹介しました．それから，不完全性定理とランダム性との関わりに触れました．2週目の最後は，新しい独立命題として，グッドスタイン列の話を説明しましたね．

春太 でも，グッドスタイン列の重要な定理は証明しなかったっす．あとは，学園に入って勉強しましょうとかおっしゃって．

先生 そうでした．あの議論は，ゲンツェンによるペアノ算術の無矛盾性証明に基づいているのです．それを説明するには，ゲンツェン独自の論理システムを導入することから始めなければなりません．彼は，彼のシステムで，定理を導く論理の道筋に，その定理自身と公理より複雑なものは現れないことを示しました．たとえば，A と $A \to B$ の2つの前提から結論 B を導く三段論法(カット)は，結論より前提の方が複雑な式になるため，$A \to B$ が公理(の一部)であるような場合を除いては，必要ないというのがゲンツェンの基本定理です．算術の場合は，帰納法の形式的扱いにちょっと工夫が必要になりますが，それでもある種の基本定理が証明でき，それから矛盾が導出し得ないことが示せます．

秋介 レオさんが，本の付録にその証明を書いてくれればうれしいのですが．

レオ 僕はまだ，先生の講義ノートが十分理解できていないのです．今の理解で本の質を落としたくありません．

先生 ほかにも扱えなかった重要な話題はたくさんありますが，さきほどレオさんが指摘したように，集合論の話題がないのも残念ですね．ゲーデルの仕事としても，完全性定理と不完全性定理と並んで，**連続体仮説** CH の相対無矛盾性証明はとても重要です．完徹先生の講義がなくなったのはほんとうに残念でした．

まどか 連続体仮説って？

先生 ヒルベルトが1900年の国際数学者会議で，数学の重要問題の第1番に挙げた問題です．2つの集合が**同等**，あるいは同じ濃度を持つということは，それらの要素の間に1対1の対応関係があることとします．カントルは次の正しそうな命題CHを発見しました．実数の無限集合は，自然数全体の集合と同等であるか，実数全体の集合と同等である．つまり，可算であるか，連続濃度であるかの2種類しかないということです．

まどか ゲーデルは連続体仮説を証明したのですか？

先生 いいえ．この問題に対するゲーデルの1938年の解答は，(1階論理上で)ツェルメロ–フレンケルの集合論ZFが矛盾していなければ，連続体仮説CHを加えても矛盾しないこと(相対無矛盾性)です．換言すれば(ZFが矛盾していない限り)連続体仮説CHの否定はZFから導けないことになります．他方，ZFからCH(の肯定)が導けないことは，1963年にP. コーエンによって証明されました．この2つの結果により，連続体仮説は集合論ZFから決定できない(独立である)という結論が得られたのです．その後も，集合論の公理系を改良したり，論理を強めたりすることで，CHの真偽を判定しようという試みがたくさんなされてきましたが，21世紀の現在もまだ万人に納得のいく説明は得られていません．

さくら 自然数論は自然数の世界が先にあってそれを言葉で記述したもののように思うんだけんど，集合論に集合のスタンダードな世界というのはあっぺっしゃ？

先生 あります．それは1930年にツェルメロが提案した累積階層のモデルで，次のように順序数に従って超限再帰的に構成されます．(先生は，棒切れで地面に式を書いた．)

$$V_0 = \varnothing,$$

$$V_{\alpha+1} = \mathcal{P}(V_\alpha),$$

$$V_\lambda = \bigcup_{\alpha<\lambda} V_\alpha \qquad (\lambda \text{ は極限順序数}),$$

$$V = \bigcup_{\alpha} V_\alpha.$$

この構造Vが，ZFCの公理をすべて満たすことは容易に確かめられます．この事実によって，ZFCの整合性に対するある種の信頼感が得られましたが，それは厳密に無矛盾性を保証するものではないし，連続体仮説のような命題の真偽に答えてくれるものでもありません．V の世界は，V を作った外の世界の性質のほとんどを遺伝的に反映しているだけだからです．しかし，ゲーデルはこの構成法を改良して，外側で選択公理や連続体仮説が成り立っていようがいまいが，内部では必ずそれらが成り立つようなモデルを作ったのです．

さくら ゲーデルのモデルは外側の世界が矛盾していないことだけが前提になるわけだなやあ．

先生 そうなのです．ゲーデルは「相対無矛盾性」という新しい考え方を打ち出しました．ZF にモデルがあると仮定して，それに連続体仮説 CH や選択公理 AC を加えた理論のモデルもあることを示します．これによって，大きな理論の無矛盾性が小さな理論のそれに還元できることになるのです．これは，不完全性定理を超えてヒルベルトの第 2 問題(実数論の無矛盾性)に取り組む手段でもありました．

秋介 ゲーデルのモデルはどのようなものか具体的に説明できますか？

先生 簡単ですよ．こうやって，ツェルメロの累積階層をちょっと書き直せばいいだけですから．（先生は，また棒切れで地面の式を直した．）

$$L_0 = \varnothing,$$

$$L_{\alpha+1} = \mathrm{Def}(L_\alpha),$$

$$L_\lambda = \bigcup_{\alpha<\lambda} L_\alpha \qquad (\lambda \text{ は極限順序数}),$$

$$L = \bigcup_{\alpha} L_\alpha.$$

ここで，$\mathrm{Def}(X)$ は，X 上で定義される部分集合の全体を表します．この L がゲーデルのモデルです．

春太 集合論って簡単っすね．

レオ 先生が簡単に説明しているだけだと思うな．L の定義も厳密にすれば，結構大変だと思う．

先生 ともあれ，公理 $V = L$ を $\forall x(x \in L)$ という主張とすれば，連続体仮説 CH と選択公理 AC について，

$$\mathrm{ZF} + V = L \vdash \mathrm{CH} + \mathrm{AC}$$

がいえます．さらに，L が $V = L$ を満たすことを示すことで，CH と AC の相対矛盾性が導けるのです．

秋介 その後，連続体仮説CHの否定の相対的無矛盾性を示したコーエンも同じようにモデルを作って議論したのでしょうか？

先生 順序数に沿って累積モデルを作るのは同じですが，ゲーデルは与えられた集合宇宙のうちに構成的小宇宙を作ったのに対して，コーエンは宇宙の外にもっと大きな宇宙を作り出す方法を見いだしたのです．その方法は，Forcing（強制法）と言われています．

春太 May the Force be with you（フォースがともにあらんことを）っすね．

まどか ゲーデルさんは，その後どうなったのでしょう．

先生 ゲーデルは，1940年にアメリカのプリンストンに移住します．高等研究所でのゲーデルは，1941年に「ダイアレクティカ解釈」と呼ばれる算術の無矛盾性証明について講義し，それ以降はだんだんと哲学に興味を移していきます．時空間の哲学的な考察を背景に相対論の研究を始め，アインシュタインの重力場方程式に対する新しい解を得て，1951年に新設されたアインシュタイン賞の第1回受賞者となりました．

さくら ゲーデルには，ロジックも物理も哲学も境がないっちゃ．

先生 1950年代60年代のゲーデルの仕事は公表されていないものが多いのですが，後進の指導にも力を入れるようになりました．しかし，後継者が得られないまま，ゲーデルは1976年に高等研究所を退職し，1978年に亡くなりました．

レオ 1950年代にゲーデルがフォン・ノイマンに送った手紙の中にP＝？NP問題が書かれていたという事実は，20世紀の終わりに発見されたのですね．そう考えると，ほかにも未公開資料に埋もれている真理があるのかもしれません．

先生 そうですね．しかし，過去の偉人に頼るだけでなく，ご自分の未来を信じて勉強することも大事ですよ．いずれにしても，不勉強の言い訳に学問に境界を設けたり，知識をブツ切りにするようなことはしてはいけないことをゲーデルは教えてくれました．これからもみなさんは開かれた心で学問に取り組んでほしいです．

春太 これが，先生の伝授する奥義っすか？

先生 奥義というより，私の信条ですかね．とくに学園生だけに伝えたいという事柄ではありません．学園に残してきた私のノートには，単に講義内容だけでなく，私の考えたことがいろいろ書いてありますから，レオさんの今後の勉強に役立ててほしいと願っています．

レオ ありがとうございます．

第2週のまとめ

3月7日(月) 授業6日目 第一不完全性定理

自然数の変数 x に関する論理式の集合を $\{\varphi_n(x) : n \in \mathbb{N}\}$ とする．「$\varphi_x(x)$ は証明不可能である」も x に関する論理式で表せるので，ある k が存在して $\varphi_k(x)$ となる．そこで，$G :\equiv \varphi_k(k)$ とおくと，G は「G は証明不可能である」という意味を持ち，証明も反証もできない**ゲーデル文**となる．

他方，「G は偽である」という意味の文 G は存在しない．存在すると二値論理が破綻する．何が論理式で表せるかを明確にするために，**ペアノ算術** PA や**ロビンソン算術** Q などの形式体系が導入され，Σ_n, Π_n などの論理式の階層が定義される．証明可能な Σ_1 文がすべて真であるような体系は Σ_1 **健全**といい，**1無矛盾**とも同値になる．

第一不完全性定理

T を Q を含む 1 無矛盾な CE 理論とする．このとき，T において証明も反証もされない算術の命題がある．

3月8日(火) 授業7日目 第二不完全性定理

第二不完全性定理は，第一不完全性定理の証明を体系内で再構成することによって示される．したがって，形式体系に関するさらに厳密な議論を要する．まず，「x は CE 理論 T で証明可能な論理式のゲーデル数(コード)である」ことを表す Σ_1 論理式 $\mathrm{Bew}_T(x)$ を定義する．すると，次の3つの性質がいえる．

HBLの補題

[D1] $T \vdash \varphi \Longrightarrow T \vdash \mathrm{Bew}_T(\overline{\ulcorner\varphi\urcorner})$.

[D2] $T \vdash \mathrm{Bew}_T(\overline{\ulcorner\varphi\urcorner}) \wedge \mathrm{Bew}_T(\overline{\ulcorner\varphi \to \psi\urcorner}) \to \mathrm{Bew}_T(\overline{\ulcorner\psi\urcorner})$.

[D3] $T \vdash \mathrm{Bew}_T(\overline{\ulcorner\varphi\urcorner}) \to \mathrm{Bew}_T(\overline{\ulcorner\mathrm{Bew}_T(\overline{\ulcorner\varphi\urcorner})\urcorner})$.

これから，次が導ける．

第二不完全性定理

Tは，QおよびΣ_1論理式に関する帰納法を含む無矛盾なCE理論とする．このとき，$\mathrm{Con}(T) :\equiv \neg\mathrm{Bew}_T(\overline{\ulcorner 0 = 1\urcorner})$は$T$で証明できない．

また，同じ理論Tの下で，「Tがσを証明する」という仮定を加えてσが証明できるなら，その仮定なしにもσが証明できる．これを**レーブの定理**という．

3月9日(水) 授業8日目 不完全性定理とさまざまな論理

$\mathrm{Bew}_T(\overline{\ulcorner A\urcorner})$を様相命題$\Box A$とみなす．すると，HBLの補題は様相命題論理の体系K4を定め，これにレーブの定理を追加したものをGLという．GLで証明可能でない命題についてはその原子文に適当な算術文を代入すると算術理論で証明できない式になり，これを**ソロベイの完全性定理**という．**2階論理の完全性定理**や**ダイアレクティカ解釈**についても触れる．

3月10日(木) 授業9日目 ランダム性と不完全性定理

ゲーデルによる「**神の存在証明**」は，様相体系S5に依存する．因果律からランダム性の議論へ．ランダム性の定義には3種類あるが，計算の複雑さの観点からはランダム性をデータの圧縮しにくさと定める．文字列sの**コルモゴロフ複雑性**$C(s)$を，万能チューリング機械UTMに列sを出力させるために必要なプログラムPと入力データwのペア(P, w)の長さの最小値と定義する．すると，どんなnに対しても，長さnの列sで，$C(s)$がn以上となる**ランダム列**が存在する．

チャイティンの不完全性定理

(理論 T に依存した)数 n が存在して，どんな列 s に対しても，言明「$C(s) > n$」は T で証明されない．

十分複雑な列 s を選べば，言明「$C(s) > n$」は真となるはずだから，T が偽な言明を証明しない限り，「$C(s) > n$」は T で(証明もされず)反証もされない言明になる．

3月11日(金) 授業最終日 ゲーデル以降の展開

ペアノ算術やそれより強い形式体系にも，数多くの(証明も反証もされない)独立命題が見つかっている．順序数に沿って定義される**急増加関数**は，形式体系の強さを測る便利な道具である．これにより，**グッドスタインの定理**がペアノ算術で証明できないことが示される．1950年代半ば，ゲーデルはP＝？NP問題に関する手紙をフォン・ノイマンに送った．

5年後 集合論と連続体仮説

ゲーデルは不完全性定理を超えて，ヒルベルトの第一問題(**連続体仮説**CH)に挑むため，「**相対無矛盾性**」という考え方を打ち出した．具体的には，集合論ZFが矛盾していなければ，CHを加えても矛盾しないことを示した．後にコーエンが，CHの否定を加えてもやはり矛盾しないことを示しており，この2つの結果から，CHがZFから独立であるという結論が得られた．

出版後記

本書は，ロジック学園で２週間にわたって行われた特別入門授業の様子を私のチューター日誌と先生の講義ノートに基づいて再現したものです．先生の最終授業の直後にあの巨大地震が襲来しました．思い返すと，大きな前震やいろいろな予兆もあって，私たちは説明しがたい不安を抱えていたのかもしれません．しかし，大地震の後もみんな冷静に行動し，困難な時期を無事乗り越えることができました．

そして５年の年月が経ちました．受講生の１人だった出版編集者の秋介氏が，当時の学園と街の様子を記録した本を作りたいという話をまず元学園長に持ちかけたそうです．すでにいくつも話題作を手掛けている秋介氏に何かひらめくものがあったのでしょう．

しかし，この企画には１つ大きな問題がありました．それは未解決の傷害事件が関連していることです．そのためだけではないかもしれませんが，先生は固辞され，私に執筆の役目が回ってきました．先生も私がロジックの勉強に戻ることを喜んでくれて，度々励ましの言葉をいただきました．

一応お断りしておくと，人物が特定できないようにするためのキャラクターの脚色は基本的に秋介氏のアイデアによるものです．多少行き過ぎのカリカチャーも彼の好みなのですが，ご自身の分身だけは本物よりも真っ当そうなところが気になります．

未熟な私に，このような貴重な機会を与えてくださった秋介氏と先生，そしてご協力いただいた旧ロジック学園の関係の皆さん，とくにあの時の入門生たちに心より感謝の意を表します．ロジックの再勉強をしながら自分を見つめ直し，自分がこれからやるべきことが見えてきました．いまは，みんなと力を合わせ，ロジック学園再興を目指して頑張っています．

皆さん，Obrigado por tudo（オブリガード・ポル・トゥード）（いろいろありがとう）．

青葉レオ

エピローグ

僕は山の上の学園に行って先生のノートと僕の日誌を取って戻った．日誌のページをめくると当時の様子が目の前に甦る．先生のノートの最後にはフォン・ノイマンの返事だと言っていた落書きのような紙切れも挟まれていた．ノートに残された先生の思索の跡を辿り，できることなら少しでもその先に進みたいと僕は思った．

僕は，秋介さんが用意してくれた出版社の校正室を使って，本の原稿を書いた．ときどき春太やまどかさんが訪ねてくれて，ロジック学園での質疑応答の様子を確認した．秋介さんもさすがヒットメーカーの編集者だけあって，僕の言葉遣いや全体の構成について，いつも的確なアドバイスをくれた．こうして半年が経ち，原稿がほぼ完成した．僕はその原稿をもって先生を訪ねることになった．

レオ 本の原稿がほぼ完成したので，持って参りました．

先生 ほう，よく書けていますね．

レオ ありがとうございます．秋介さんから，本のタイトルをどうするか先生と相談してきてほしいと言われました．

先生 それは君が決めなさい．

レオ『ロジック入門講義』ではちょっと味気ないですし，いい書名はありませんか？

さくら『山の上のロジック学園』はどうだっちゃ？

レオ Muito bom!（ムイト・ボン）（とてもいいね）

解説(あとがき)

本書は，月刊誌『数学セミナー』の 2016 年 4 月号〜2018 年 3 月号に連載された同名記事を単行本として再編集したものです．舞台となる「ロジック学園」は仙台市郊外の丘陵地にあると推定され，東日本大震災(2011. 3. 11)がこの地方を襲う直前の 2 週間に学園で行われた特別入門講義と 6 名の受講生の繰り広げる物語を当時のチューター・レオが素直な筆致で生き生きと再現してくれています．単行本化に際して多くの修正が施されていますが，基本構成は変わっておらず，連載時と同様に物語の日付毎にほぼ独立して読める内容になっています．

と，これだけで解説を終わりにしようと思ったところ，編集部から作品の背景や製作意図をちゃんと説明してほしいという指導が入りました．えっ，それでは著者がわかってしまうではないですか？『ガリバー旅行記』も『カンディード』も匿名著者で発表されたことが良かったのに…．興ざめになりますよという私の意見も届かず，表紙に名前が出てしまい，ここに著者解説を書かされることになりました．

2011 年の震災では，東北に暮らすものとして当然ながら，たくさんの悲惨な場面を目の当たりにしました．私自身は 1 か月くらいで普段の生活に戻りましたが，その後も津波で行方不明だった(私の研究室に配属予定だった学生の)ご一家の葬儀に参列したり，除染作業でひっくり返ったグランドの高校に講演に行ったりして，重たい気分を長く引きずっていました．他方，2, 3 年経過しただけで，自分の教える大学でも震災を経験していない学生の方が多くなってきて，復興活動と同時に風化防止が必要に思えてきました．また，自分でも震災の記憶が段々と薄らいでいくのを感じたので，何か記録に残すことをしたいという思いが募っていました．

その頃(2014〜15 年)，2 か月に 1 回くらいのペースで，主に東京でロジックの勉強会を開いていました．震災直後から学外でさまざまな講演活動を行っていたのがこういう形で集約してきたのですが，一方で長編の専門書『数学基礎論序説』

の執筆に取り組んでいたので，どうすれば初心者にロジックの基本を伝えられるかという自分の課題の実験場にもなっていました．そんな勉強会の様子を『数学セミナー』編集部の人たちにときどき話しているうちに，勉強会を震災直前の仙台に移してライトノベルとして再現することをひらめきました．勉強会と震災の両方の記録を残す一石二鳥のアイデアでした．そして，ちょうど震災5年目の3月に連載が満を持してスタートすることになりました．

ですから，ロジック学園はまったくの架空ではなく，登場人物の多くにモデルがいたのです．しかし，現実の勉強会とは別次元のロジック学園の世界を目の前に浮かびあがらせてくれたのは，漫画家バラマツヒトミさんのイラストでした．バラマツさんは，私の勉強会の様子を撮った写真などを参考にしながら，個性的なキャラクターを魔法のように生み出してくれました．これはとても衝撃的でした．私が毎月締め切りに追われながらも，何とかまとまった物語を紡いでいけたのは，バラマツさんのイラストの力がとても大きかったと思います．

文中の挿入話やギャグは，世代によって分かりにくいものもあると思います．昭和ギャグは私の地から出ていますが，平成のものは学生たちとのおしゃべりから仕入れたものがほとんどです．いちいち説明はしていませんので，ちょっとひっかかる表現があればネット等で調べてみてください．ストーリー展開も，いろいろな小説，劇，映画のオマージュになっていますが，ここでは説明しきれません．

ロジックの講義内容についてですが，もとになる勉強会では，下記の本の原稿の一部をテキストに使っていました．

田中一之著『数学基礎論序説』裳華房，2019.

ですから，上記の本を併せて読んでいただけるなら完璧ですが，やや専門的すぎるかもしれませんので，初心者の方には次の本をお勧めします．

T. フランセーン著，田中一之訳『ゲーデルの定理』みすず書房，2011.

最後になりましたが，『数学セミナー』にこの異色作の連載を決定し筆者をずっと後押ししてくださった前編集長の大賀雅美さん，そして私の担当編集者の飯野玲さんには本当に長い間お世話になりました．また，勉強会の参加者をはじめ，私の活動にいろいろな形でご協力いただいている方たちには心より感謝しています．特に，レオ君(のモデル)にはポルトガル語の指導を含め，大変お世話になりました．彼はいまもロジックの勉強に励んでいますので,「ロジック学園II」もそう遠くなく期待できそうです．それまで皆さん，お元気で．

2019年11月
田中一之

索 引

●さ行

●た行

●な行

●は行

●ま行

●や行

●ら行

●わ行

人名索引

著者：田中一之（たなか・かずゆき）

東京工業大学理学部卒業．カリフォルニア大学バークレー校 Ph. D.
現在，東北大学大学院理学研究科数学専攻教授．
主な著書として
『数学基礎論講義』(編著，日本評論社)，
『ゲーデルと20世紀の論理学』全4巻(編著，東京大学出版会)，
『数学基礎論序説』(裳華房)
などがある．

絵：バラマツヒトミ

漫画家，イラストレーター．
主な作品に
『誰かいい人いませんか？』(LINE)，
『ポケドル』(KADOKAWA)，
『基礎英語1』(NHK出版)2014年度版表紙・挿絵
などがある．

山の上のロジック学園
不完全性定理をめぐる2週間の授業日誌

2019年12月25日　第1版第1刷発行

著者 ―――― 田中一之
絵 ―――― バラマツヒトミ
発行所 ―――― 株式会社 日本評論社
〒170-8474　東京都豊島区南大塚3-12-4
電話（03）3987-8621［販売］
（03）3987-8599［編集］
印刷所 ―――― 株式会社 精興社
製本所 ―――― 株式会社 難波製本
装丁 ―――― 山田信也(STUDIO POT)

Printed in Japan
ISBN 978-4-535-78913-5